전우구조 설립 35주년 기념집

피터 라이스의 생애와 비전

The Lifetime and Visions of Peter Rice, Structural Genius

윤흠학 · 전봉수 엮음

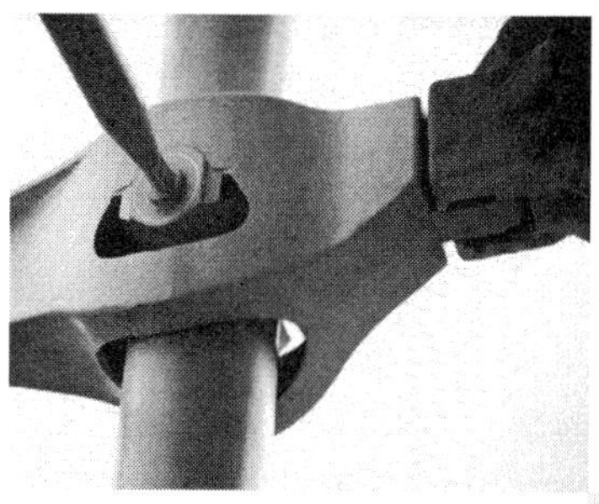

nabisori

서 언

피터 라이스(Peter Rice)는 1935.6.16 아일랜드 더블린에서 출생하여 1992.10.25 영국 런던에서 57세의 일기로 요절한 불세출의 구조엔지니어이다. 벨파스트 퀸스대학교(Queen's University of Belfast)와 런던 임페리얼칼리지(Imperial College London)에서 항공학을 수학하다가 토목공학으로 전공을 바꾸었고, 졸업 후에는 애럽사무소에서 시드니 오페라하우스 작업 등 현업에 참여하여 독보적인 천재성으로 구조물의 시공성과 작품의 완성도를 높였다.

피터 라이스는 마틴 프랜시스(Martin Francis), 이안 리치(Ian Ritchie)와 함께 RFR사무소를 개설 · 운영하며 수많은 걸출한 작품으로 세계 건축계에 위대한 자취를 남겼다. 그의 가족으로는 아내 실비아 W. 라이스와 2남 3녀의 자녀를 두었다.

라이스가 시드니 오페라하우스, 파리 보부르, 텍사스 메닐컬렉션, 런던 로이즈 빌딩 등 걸출한 건축가들과 협업하여 현대건축의 아이콘이 되어 '건축이 주는 시적 감동'을 인류에 선사했다는 찬사를 받았다. 1992년 작고 후 출간된 저서 1 『An Engineer Imagines(1994)』, 휴 더튼(Hugh Dutton) 공저서 2 『Structural Glass(1995)』를 비롯하여 안드레 브라운(Andre Brown)의 평전 1 "The Engineer's Contribution to Contemporary Architecture-Peter Rice(2001)" 및 케빈 배리(Kevin Barry)의 평전 2 "Traces of Peter Rice(2012)" 등에서 그의 비전과 자취가 상세하게 조명되었고, 한국어로도 번역 · 출간되어 국내에 잘 알려져 있다.

건축가 렌조 피아노(Renzo Piano)는 라이스를 "눈감고도 피아노를 연주하는 피아니스트처럼 구조설계를 어렵지 않게 하는 능력자"라고 했다. 영국의 문필가 조나단 글랜시(Jonathan Glancy)는 그를 "구조공학 분야의 제임스 조이스(James Joyce)"라 평하면서 동시에 "시적인 발명품, 아이디어, 엄격한 수학이론 및 철학적 논리를 펼친 20세기의 가장 탁월한 엔지니어 중 한 명"이라고 평했다. 영국왕립건축가협회(RIBA)는 1992년에 건축금메달(RIBA Gold Medal)의 영예를 피터 라이스에게 안겼다.

라이스의 작고 후, 하버드대학교 디자인대학원은 피터 라이스 프라이즈(Peter Rice Prize, 1993)를, 던다크공과대학은 애럽사무소 및 아일랜드엔지니어협회의 후원으로 1996년부터 피터 라이스 은메달 대회(Peter Rice Silver Medal)로 매년 우수한 학생들에게 시상을 해오고 있으며, 또한 아일랜드의 던다크기술연구소(DKIT)는 피터 라이스 공학상(Annual Peter Rice Engineering Award) 제도로 매년 토목공학 부문에서 우수한 학생에게 상을 수여하는 등의 행사를 통해 라이스의 업적을 기리고 있다.

전우구조는 인천국제공항 제1, 2터미널, KTX광명역사, 부산 ASIAD주경기장, 이화여대캠퍼스센터, 전곡선사박물관, SBS목동사옥 및 부산영화의전당 등을 유럽의 건축가 및 엔지니어와 함께 작업하며 그들과 친분도 쌓았다. 비록 피터 라이스와의 생면할 기회는 없었지만 그와 함께 했던 휴 더튼(Hugh Dutton), 헨리 바즐리(Henry Bardsley), 장 프랑수아 블라셀(Jean-Francois Blassel), 도미니크 페로(Dominique Perrault), 렌조 피아노(Renzo Piano) 및 리처드 로저스(Richard Rogers) 등과의 만남은 라이스를 조금 더 알 수 있었던 행운이었다. 1999년경 RFR사무소에서 피터 라이스의 장남 키란 라이스와의 만남에서 그의 실존적 존재를 실감하였다.

이러한 배경에서 필자는 국내학술지(2003년 대한건축학회, 2016년 한국강구조학회)에 피터 라이스 추모글을 기고, 평전 - 1, 2의 번역서(케빈 배리, 2016/ 안드레 브라운, 2021)에서 공역자 역할을 하였다.

안드레 브라운과 케빈 배리는 각자 교수, 문필가로서 구조엔지니어인 피터 라이스 평전을 저술한 것은 흥미롭다. 노벨문학상을 수상한 소설가 롤랑 로맹이 악성 베토벤의 삶을 모티브로 한 대하소설 『장 크리스토프』 - 에서 말할 수 없는 고난과 고통을 겪으며 초인적인 열정과 노력으로 마침내 모든 역경을 극복하고 위대한 음악으로 인류에게 용기를 불어넣어 준 사람, 그 시대를 위로하고 격려해 줄 영웅으로 베토벤의 숭고함을 그려냈다. 문필가가 어느 한 분야에서 최고 전문가의 업적과 기여를 서술한 것이 보다 대중에게 호소력이 있어서인지 모른다.

그러함에 엮은이가 라이스의 내면과 고통을 제대로 모르면서도 『피터 라이스의 생애와 비전』을 집필하는 데에도 만용에 가까운 용기가 필요하였다.

다만, 피터 라이스의 관련 자료 활용과 인용에 따른 저작권에 대해서도 저서 2『Structural Glass』의 휴 더튼이나 헨리 바즐리 (RFR 대표 역임)와 협업 및 평전 번역 시 안드레 브라운과 케빈 배리와의 SNS를 통한 의논 과정에서 연구보고서의 출간 의사에 긍정적인 반응을 얻었다. 라이스의 저서와 브라운의 평전은 출간 후 20년(배리의 평전 - 2는 10년) 이상이 지나서 인용에 따른 저작권에 대하여 별도의 절차가 필요하지 않다는 견해도 있었으나 출간 후 별도의 양해를 구함이 합리적인 순서일 것으로 생각되었다.

이 책에서는 인간적 면모, RFR의 세 파트너, 라이스의 자취, 엔지니어의 비전, 평전에서 본 라이스, 추모행사 및 라이스 관련 자료 등 모두 7개 편으로 구성하고, 35개 장으로 기술하였다.

윤흥학 · 전봉수 엮음

차 례

Ⅳ. 엔지니어의 비전

Ⅴ. 두 평전에서의 라이스

Ⅵ. 추모행사

Ⅶ. 라이스 관련 자료

Ⅰ. 인간적 면모

1. 지금은 떠나야 할 시간

- 아내 실비아 라이스 -

나의 남편이자 5남매의 아버지인 피터는 생전에 자신의 일에 관한 책을 쓰고 싶어 했다. 그러나 불행하게도 그가 깊은 병이 들어서야 그 일에 착수했다. 그는 자신의 책에 대해 남다른 생각을 했었는데, 기술적 문제를 당장에 해결하는 방법을 알려주는 기술지침서보다는 일하면서 얻는 즐거움과 열정을 차분히 설명하는 실무적인 것이어야 했다. 특히 시공현장이라는 미개척 분야의 무한한 잠재성을 책에 담아 독자들에게 전달하려 했다. 자신의 저서가 소수의 건축학도나 기술자에게 도움이 되기를 진심으로 바랐다.

그의 저서 『An Engineer Imagines』의 출판 과정에서 바바라 앤 캠벨은 편집자 입장에서 평가하고 지원하여 그녀의 진가가 빛났다. 길리 그레함, 존 맥민 및 휴 더튼 등도 편집 지원과 출판 관계자 회의, 디자인, 원고와 삽화 등을 준비하며 캠벨을 도왔다. 우리 가족은 피터의 비서 캐롤린 웨인에게도 수년간에 걸친 그녀의 도움에 고마움을 전하고자 한다. 육신에 깃든 병으로 인한 고통과 심적 좌절에도 불구하고, 우리 가족은 피터가 이 책을 완성할 수 있도록 도와주고, 격려하고, 우정을 보인 모든 분에게 그를 대신해서 진심으로 감사하다.

피터가 비록 이 저서에서 감사의 글을 직접 쓰지는 못했지만 작고하기 얼마 전인 1992년 5월에 한 편의 시 '이제는 가야 할 시간, Time to go'를 남겼다. 그가 세상을 떠난 해에 그의 친구들이 그를 얼마나 많이 도와주려 했는지 그 시에 잘 나타나 있다. 우리는 가까운 친구들은 물론 혹시 빠뜨렸을지 모르는 다른 모든 친구에게도 그 시를 바친다.

나는 내가 오늘 밤에 떠남을 안다.
싸움은 이미 끝나서 작별 인사하듯 서서히
그래도 나는 말을 해야 한다.
친한 친구들에게 나의 사랑을 전하고 싶다.
나에게 베푼 도움과 지원이 나를 살게 해주었음을
죽거나 늙지 않고 사랑에 감싸여 시간의 한 지점으로 이동하여
다른 곳으로 가더라도 요청하지 않은 귀한 선물을 받았다.
나의 영혼은 차가운 밤공기를 가로질러 가서 보지 못한 친구에게도 작별 인사를 해야 한다. 그들이 시간 여행을 한다면 내세에서도 그들과 알고 지내고 싶다.-1992.4. 피터 라이스

그는 1992년 5월에 정말로 세상을 떠났다. 자신이 쓴 저서의 출간도 못본 채...

1993.1. 아내 실비아 라이스

장녀 줄리아, 차녀 헤이디, 장남 키란 라이스, 차남 네몬 라이스, 3남 니크 라이스

‖ An Engineer Imagines(1994) 서문에서 ‖

2. 형의 청소년 시절

모리스 라이스 ‖ Maurice Rice(1938 ~)‖
피터의 남동생, 물리학자로 응집물리이론 전공
UCD와 캠브리지대학 졸업, 미국의 벨연구소, 스위스 취리히의 ETH 근무
영국왕립협회 회원, 전미과학아카데미 회원

피터는 나와 세살 터울의 형이다. 아일랜드의 소도시 생활은 넉넉치 않아서 항상 절약하며 살았다. 그 당시에 대한 나의 기억은 단편적이다. 아버지는 전쟁 발발 전에 산 자동차를 자랑스럽게 생각하셔서 벽돌조 창고에 보관하셨다. 나는 형과 함께 몰래 차고에 들어가 운전놀이를 했다. 그리고 운전할 수 있게 되고, 자동차 연료를 쉽게 구할 수 있는 상황이 되었을 때 우리는 그 차를 몰고 도시를 벗어나 시골길을 드라이브했었다.

형이 쓴 『An Engineer Imagines(1994)』에서 레이븐 데일과 가일부두의 아일랜드해 근처의 숲으로 놀러 간 기록을 보았다. 우리는 모래집을 짓고 밀려오는 파도에 누가 지은 집이 더 오래 견디나 하며 놀았다. 아일랜드의 시골길 드라이브는 신나는 일이었다. 우리가 소와 말의 무리 사이를 바느질하듯 지나가면 병아리 떼가 자동차를 피해 종종거리며 도로를 건너가는 것 같았다. 이러한 여행을 통해 우리는 다양한 것을 수용하는 아일랜드인의 저력을 관찰할 수 있었다. 휴일에 차

를 타고 시골의 맥주집 앞을 지날 때, 법에 따라 영업하지 않음에 출입문이 내려져 있음을 알지만 주차를 허용하여 손님이 뒷문을 통해 출입할 수 있게 하였다. 이러한 아일랜드인들의 특징은 학교생활에서도 나타났다.

형과 나는 그리스도계 학교에 다녔는데, 훈육관 자격시험에서 좋은 성적을 받아야 하는 교풍이 있었다. 마리아수도회 신부들이 근처에 또 다른 학교를 운영하였는데 이는 상인들의 자녀들을 학교로 끌어들이는 수단이었다. 우리도 그 학교에 다녔으나 우리는 '선생네' 가족이었기에 승계할 마땅한 가업이 없었으므로 어머니는 우리 형제에게 보다 엄격한 교육이 필요하다고 하셨다. 어머니는 형에게 학교에서 무엇을 배웠는지 항상 묻고 형이 대답을 하면 불안해하시다가 결국은 학교를 옮겼다. 그리스도계 학교는 모든 학생에게 하루 한 시간은 의무적으로 게일어(Gaeilge, 켈트어의 한 분파)를 배우게 하고 모든 과목에서 게일어만 사용하라는 정부 방침에서 벗어난 방향으로 가고 있었다.

결과적으로 학교에서는 게일어를 사용하고 일상에서는 영어를 사용함으로써 언어생활에 단절이 생겼다. 예상대로 게일어는 널리 통용되지 못했다. 형과 나는 고대의 무용담, 조국 아일랜드의 슬픈 역사를 탄식하는 영탄조 시를 배울 열정은 없었다. 형이 대학에 진학할 즈음, 아버지는 평소와 달리 형을 벨파스트의 퀸스공과대학에 보내기로 하셨는데, 벨파스트가 항공학과 해양공학에 역사가 있는 도시였기에 더블린보다 나을 것이라 생각하신 듯했다. 그 당시 벨파스트는 장로교의 전통에 따라 일요일이면 도시 내 시설들이 대부분 문을 닫아 황량했다. 그러나 형은 이에 개의치 않고 대학생활의 전 과목을 등록하지 않았다. 그는 보트 동아리에 가입하여 대학항공대 - 왕립공군이 지원하는 프로그램 - 에 가입하였다. 형은 방학 때면 집에 와서 훈련소의 비행

훈련 모험담으로 우리 가족을 즐겁게 했다. 비행벽 오르기에 대해 이야기할 때는 솔직히 남동생으로서 감동했다. 형의 뒤에 앉은 강사가 형을 위험 상황에서 구해줬다는 사실을 알기 전까지는 … 형이 학업을 마무리해 갈 때 그 트레이너는 왕립공군기지의 전투제트비행대로 전출하였다.

형이 공군 복무를 포기하고 공학 분야에 흥미를 갖게 되자 어머니는 비로소 안심하셨다. 형이 퀸스대학교에서 항공공학을 택한 것이 결과적으로 토목공학에서 배우는 새롭고 가벼운 구조물에 폭넓게 접근할 좋은 기회가 되었다. 이후 형은 런던으로 옮겼고 나는 더블린에서 공부하였으며, 1960년 케임브리지로 가기 전까지 서로 마주할 일이 없었다. 이후 형이 실비아와 결혼하였고 결혼생활은 괜찮아 보였다. 엔지니어의 적은 급여 생활도 큰 문제가 아닌 듯했다. 형네는 노팅힐게이트의 아파트로 이사했고 거기에서 살림살이도 피기 시작했다. 형은 애럽사무소에서 제일 잘 나간다는 로널드 젠킨스와 함께 일하는 것을 재미있어 했다. 형네 가족이 호주 시드니로 이사했고 나도 미국으로 갔었기에 수년간 떨어져 살았다. 우리가 재회한 것은 미국에서였다. 형은 코넬대학에서 1년간 체류하면서 시드니 오페라하우스의 업무 스트레스에서 벗어날 수 있었다.

그때는 나도 헬렌과 결혼하여 뉴저지에서 멀지 않은 곳에 살았다. 그때 형네 가족은 세 자녀와 함께 큰 목조주택에서 살았고, 헬렌과 나는 어린 조카들의 심한 장난에 놀랐으며, 형은 아주 추운 날에도 조카애들을 데리고 산책을 나가서 또 한 번 놀랬다. 훗날에 우리도 아이가 생기자 형이 매우 열정적으로 삶을 즐겨온 것을 알게 되었다. 그후 수년간 우리는 런던에서 살며 자주 만났다. 형이 버위크 세인트 존이라는 윌트셔의 작은 마을에 별장이 있어서 자주 갔었고, 런던, 파리 및 제노아 등을 바쁘게 다니는 일정을 조절하며 주말이면 그곳에서 보냈다. 그는 달리기를 즐겼고 몸관리를 잘했다. 거기서 만사를 제쳐두고 쉬었고 요리솜씨도 늘었다. 우리는 공학, 물리학, 그리고 나의 직업에 대해서도 자주 이야기하였고 우리 형제가 기술적인 계산보다는 창의적인 일에 강함을 알았다. 형은 건강하고 활기에 넘쳤기에 그가 뇌종양 진단을 받자 모두 충격에 빠졌고 자신은 더 그랬을 것이다. 50대로 한창 왕성한 활동을 할 때 죽음의 예후와 함께 온 시각장애는 더 큰 타격이었다. 그러함에도 형은 자신의 잔인한 운명에 대해 비관하지 않았고, 그는 자신의 남은 시간을 정리했다.

그는 엔지니어와 건축가의 상호교류에 있어 보다 평등하고 생산적인 관계를 진작해야 한다는 자신의 철학을 정리한 『An Engineer Imagines』의 출간을 준비했다. 그 저서는 제3자인 내가 보아도 멋이 있었고 힘든 여건에서도 놀랄만한 성과를 낸 책이었다. 내심 더욱 놀라웠던 것은 형이 작고하기 몇 달 전인 1992년에 RIBA의 골드메달 수상식에서 그가 보인 자세였다. 수상식장에서 그의 동료 렌조 피아노와 리처드 로저스가 피터를 소개했고, 다음에 형이 연설을 했다. 준비한 연설문은 없었고 설령 있었더라도 시력을 잃어 읽을 수 없었다. 방사선치료로 모발이 사라진 민머리를 가리는 모자를 쓰고 있었다. 그는 자신이 죽어가고 있음을 알면서 영원한 작별을 고하고 있었다. 그 자리에 참석한 유명 엔지니어, 건축가, 가족과 친구들, 청중 모두 그 사실을 알고 있었다. 그는 감정적이지도 감상적이지도 않았고 건축가와 구조엔지니어와의 관계에 대한 감동적인 연설을 했다. 그가 전한 메시지는 구조엔지니어는 건축가의 좋은 아이디어를 헛되게 해서 안 되며, 서로 힘을 모아 새롭고 신나는 구조물을 창조할 재료 개발의 가능성을 탐색하여야 한다고 했다.

후에 나는 어떻게 그렇게 멋진 연설을 할 수 있었는지 물으니 그는 전하고자 하는 메시지의 핵심을 알면 아주 쉬운 것이라고 했다. 그해 여름 형수 실비아와 형은 랭구독의 구르구베에서 조카 줄리아의 결혼식 파티를 초대한 친척들과 함께 며칠 간에 걸쳐 성대하게 열었다. 그는 그 파티에서 생의 작별 인사를 했다.

1992. 모리스 라이스

‖ 평전 ‖ 피터 라이스의 자취 ‖ 제1장 Memories of Peter, pp.19~28 참조 ‖

3. 묘비문 'PETER RICE ENGINEER'

– 잭 준즈 –

잭 준즈 ‖ Sir Gerald Jacob Zunz (1923~2018) ‖
FREng, FIStructE, FICE. Knighted
애럽사무소 회장 역임(1977~1984), 오페라하우스 설계팀장,
영국구조엔지니어협회(IStructE)의 골드메달 수상 1989

"나는 피터 라이스의 생애와 작품에 대한 글을 써달라는 청탁에 그의 갑작스런 죽음으로 인해 그때까지 내가 그에 대해서 한 말과 쓴 글을 되풀이하고 싶지는 않았다. 그의 개인적인 가치, 특출한 재능이라는 주제는 그동안 기념과 반추되었고 앞으로도 그럴 것이다."

잭 준즈

나는 1961년 후반 무렵 애럽사무소가 시드니 오페라하우스의 지붕 설계 및 시공팀을 구성할 때 피터 라이스를 처음 보았는데, 당시 그는 모형실험과 기하학적 문제를 검토하는 소그룹에 속해 있었다. 실무 경험이 적은 신참이었던 피터는 참여 결정 전 스스로 생각하고 검토할 시간을 달라고 했고, 그 프로젝트에 계속 참여하고 싶지만 현장감리원으로서 시드니에 파견 시 근무조건 등에 대한 나의 확인을 원했다. 명석하고, 감각적이고 사려 깊은 구조엔지니어가 그의 시대에 가장 재능있는 구조설계자가 될 것인가를 상상하기는 어렵지 않았다. 그는 처음에는 구조설계에 특별히 관심을 보이지 않았다. 그가 건축가 요른 웃

존이나 그의 동료와의 회의에 참석했다는 기억은 나에게 없었지만 그는 구조해석 능력이 탁월했다.

구조공학적 문제를 해결하는 전자 컴퓨터 - 현재 기준으로 보면 원시적 수준 - 를 잘 활용할 줄 알았다. 그는 시드니 오페라하우스 지붕 주요 부분의 구조해석을 맡았고, 지붕구조 시공도면팀의 주축이 되었다. 피터는 자신의 능력을 발휘하여 복잡한 구조는 물론 여러 해석결과를 시공현장에 적용할 수 있는 상세로 발전시킬 수 있다고 하였다. 감리팀에서는 경험과 지붕구조의 해석에 능숙한 구조엔지니어가 필요했고, 특이한 구조의 거동을 예측하고 다룰 지식을 갖춘 구조엔지니어로 피터 외에 대안이 없었다. 그는 예측 불가능한 변형을 조정함에 있어 탁월했고, 표면적으로 다루기 어려운 문제 해결에 자신의 지식을 십분 활용했다. 시공에 필요한 여러 구조 요소의 정확한 위치를 예측할 수 있는 컴퓨터 프로그램을 개발하였고, 현장에서 발생한 건설공정의 여러 문제를 해결했다. 무엇보다 그에게 요른 웃존을 대면할 기회가 온 것이다. 요른은 현장 스태프들과 둘러보며 색채, 빛, 그리고 표면질감 등에 대한 자신의 생각을 설명함으로써 피터에게 강한 인상을 주었다.

피터는 요른의 독특한 시각적 목표를 들으면서 건축구조의 개념설계에 대한 관심이 싹트게 되었고 수년 후에는 착실한 열매를 맺었다. 그러나 구조설계에 대한 열정은 여전히 깊은 겨울잠 상태였다. 시드니에서 3년이 경과하며 지붕공사가 원활하게 진행될 무렵, 피터는 현장을 떠나 미국에서 1년간 코넬대학의 객원연구원이 되고 싶다는 편지를 보내왔다. 그 편지에서 "저는 구조적인 문제에 순수수학의 응용에 대해 공부하고 싶습니다. 설계에서 구조 문제를 해결하는 방정식에 대해 그 기본적 특성을 보다 철저히 이해한다면 더 좋은 조건을 갖춘 해법과 궁극적으로는 구조의 구성요소를 잘 선택할 수 있을 것으로 생각합니다." 라고 썼다.

1968년 피터는 런던 애럽사무소로 복귀했다. 신뢰와 성숙함을 더했고 훌륭한 해석기술, 막구조와 경량구조 등에 대해 프라이 오토와 함께 작업하면서 또 한 차례의 전성기를 맞는다. 피터의 재능은 보부르의 국제설계공모전에서 렌조 피아노, 리처드 로저스와 함께 하면서 개화한다. 시드니 오페라하우스의 경우처럼 당선작은 세인을 놀라게 하였다. 피아노와 로저스 안은 '아키그램'처럼 최신의 기술과 천부적 재능을 가진 자의 영향을 받은 아방가르드 계열의 작품이었다. 피터 라이스, 렌조 피아노 및 리처드 로저스의 3인은 모두 비슷한 인성의 인물들이다. 당시에 피터는 건축가에게서 전문성이 있고 독창성이 보이면 그들에게 선택을 맡겼지만, 나중에는 그렇게 하지 않고 자신의 특출한 재능을 보완하며 신뢰를 쌓았다. 구조를 조합하고 구상함에 있어 참신한 방법을 동원하고 더구나 건축 분야의 동료들이 고민하는 문제를 최우선적으로 연구한 구조해석 실력으로 그들을 도왔다. 그는 장인정신의 마스터가 되었고 그것을 실용화할 수 있다는 신뢰도 얻었다.

피터는 빅토리아여왕 시대의 구조적 풍성함에 감동을 받고 현대 구조에서는 더 이상 쓰지 않는 재료를 소생케하여 재료의 개념을 되살렸다. 거버레트 및 다른 구조부재에 주강(cast steel)을 적용하여 이해하기 쉬운 구조물로 형상화하였고 그것이 피터의 작품임을 실증하는 증거가 되었다. 건축가로 하여금 한 작품 속에서 새로운 가능성에 대한 통찰력을 갖도록 도왔고, 그는 적당한 때 새롭게 착수하여 신뢰를 쌓았다. 물론 자신감도 커갔고 사고의 명료함, 해석 능력, 재료에 대한 이해와 지식이 늘고 설계의 융합에 대한 관심과 이해도 커갔다. 피터가 유명해지면서 팀워크의 진수를 이해하게 되었고 일을 할 줄 아는 사람들은 그를 더욱 신뢰하였다. 피터가 정상에 오르는 길은 멀고 길었으나 그의 빛은 밝게 빛났고 그의 재능은 특출난 개성과 연계된 강하고 지적인 중추로 자리잡았다. 세계적으로 위대한 건축가와의 협업관계는 그의 프로다운 재능이 바탕이 되어 발전하였다. 렌조 피아노와 리처드 로저스와의 관계도 시너지효과를 나타냈다. 보부르를 창조하는 열기 속에 단련되었기에 그후 3인이 모두 즐긴 성공의 발진 기지가 된 창조의 큰 기류가 형성되었다.

영어의 '엔지니어'는 여러 뜻이 있다. 일반 대중은 건물의 설계와 시공과정에서 구조엔지니어의 역할에 대한 이해나 인식이 거의 없다. 피터는 그가 참여한 프로젝트가 성공을 거둔 후에도 '건축적 엔지니어' 또는 심지어 '건축가'라는 새로운 타이틀이 필요하게 된 것에 대해 일반인들의 이해가 부족함을 느꼈다. 1992년 그가 RIBA의 골드메달 수여식에서 수락한 연설에서 "나는 그저 평범한 구조엔지니어입니다."라고 했다. 그가 구조 분야에 끼친 엄청난 기여가 그의 높은 권위에도 자신을 낮추는 겸손함을 갖췄다고 추측할 뿐이다.

버위크 세인트 존의 작은 마을 월트셔에 그의 아내 실비아 라이스가 살고 있는 집이 있다. 피터의 마지막 휴식처는 교회 근처의 무덤이다. 무덤 앞의 소박한 묘비석에는 그의 이름 아래 '엔지니어'라는 단어만 새겨져 있을 뿐이다.

PETER RICE ENGINEER

‖ 피터 라이스의 자취 ‖ Peter Rice, engineer by Jack Zunz, pp.27~33 ‖ 참조 ‖

4. 그의 정신은 지금도 루브르에

- 휴 더튼 -

휴 더튼 ‖ Hugh Dutton (1967~) ‖
건축가, 파사드건축
영국의 AA스쿨 졸업, RFR에 참여, 1995 Hugh Dutton Associes (HDA) 창립
‖**작품**‖ 인천공항여객청사-1파사드(1995), -2파사드(2008)

나는 1981년 RFR사무소가 출범하여 라 빌레트 프로젝트에 착수한 해에 피터를 만났는데, 당시 영국의 AA스쿨에서 학업을 마치고, 건축가 연수과정에서 '원론적으로 집을 어떻게 지을 것인가'에 대한 내나름의 방법을 터득했다고 스스로 자신만만하던 때였다. 피터를 따라 파리로 갔고, 라 빌레트 프로젝트를 함께 진행하면서 프랜시스와 리치 등과 케이블 트러스를 개발하며, 이를 제대로 소화했었다. 피터는 나에게 우리 구조의 설계상 접근방식을 설명할 수 있는 『Structural-Glass』를 함께 집필하자고 했고 그 책은 피터가 바랐던 대로 학생들과

휴 더튼(좌)과 피터 라이스(우)의 망중한

젊은 건축가들에게 좋은 참고서가 되었다. 프랑스어판 외 영어, 한국어, 이탈리아어, 중국어 등으로 번역 · 출간되었다.

그후 나는 젊은 건축가로서 피터의 구조설계방식에 익숙해져 갔으며 그와 구조공학, 건축, 조형 등의 공통기반에 대한 토론을 종종 하면서 이들 전문 분야를 디자인 하나로 통합하는 방안을 논의했다. 『Structural Glass』를 영어로 번역할 때, '디자인'이란 의미가 무엇인가가 대두됐던 것이 기억난다. 프랑스어로 디자인은 '스타일'이라는 다른 의미도 내포하기 때문이었다. 최근의 작업에서 나는 여전히 피터 자신은 물론이고 그와 나눈 대화를 떠올린다. 피터는 나에게 기하학과 강철, 유리, 목재, 석재, 그리고 빛에 대해 알려 주었다.

뿐만 아니라 한계에 부딪쳤을 때의 난관을 극복하는 방법이라든지 그냥 단순한 질문을 던지는 방법에 대해서도 가르쳐 주었다. 이탈리아의 토리노 올림픽 보도교는 피터가 리처드 로저스와 함께 스페인에서 계획했던 데크 현수케이블로 케이블 아치를 지지하는 구상에서 출발했다. 훗날 나의 사무소 HDA가 루브르의 이슬람미술관 프로젝트를 수행할 때 각종 기술과 공학, 세부사항 등에 대한 지원을 해주었다. 당시 마리오 벨리니와 루디 리시오티는 이리저리 움직이는 원주를 지원하는 광필터막의 아이디어를 제안했으며, 이때 원주는 저철분 유리 및 익스팬디드 메탈로 둘러쌓고 컴퓨터 파라미터로 최적화하여 복잡한 입체골조를 지탱하도록 했다.

이슬람미술관은 피터가 떠난 지 20년 되는 해인 2012년 가을에 개관했다. 루브르 조각공원의 유리지붕과 역피라미드 탄생에 일조했던 것처럼 피터는 아직도 그렇게 루브르에 기여하고 있는 것이다. 릴레대성당의 서쪽 창은 피터가 남긴 자취이다. 마지막 작품에서 피터는 햇살 아래 놓인 돌에 시 한 수를 남겼다.

5. 동료와 일하는 곳에는 항시 라이스가 있었다

- 케빈 배리와 제니퍼 그레이츄스와의 대담에서 렌조 피아노의 회고 -

렌조 피아노 ‖ Renzo Piano (1937~) ‖
이탈리아의 건축가

밀라노공과대학교에서 수학, 경량의 실험적인 구조물들과 기초 주거지 건축을 시작했다. 1981년 피아노는 〈렌조 피아노 빌딩 워크숍〉을 설립하여 파리, 제노아, 뉴욕 시에 지사를 두고 있다.
프리츠커 아키텍처상, AIA 골드메달, 교토상, 소닝상을 수상했다.
건축평론가 니콜라이 오로소프(Nicolai Ouroussoff)는 "그의 최고의 건물들이 주는 평온함은 우리가 문명화된 세상에 살고 있다는 것을 일깨워준다."고 말하기도 하였다.
1990년 이탈리아 공화국 공로훈장 1등급 수상, 2006년 피아노는 〈타임(Time)지〉의 '2006 타임지 100의 예술 및 엔터테인먼트' 분야에서 10번째로 영향력 있는 인물로 선정되었다.

제니퍼 그레이츄스(Jenifer Greitschus) 예술학 박사, 프랑크푸르트-암마인 근대박물관에서 일했고, 2008년 애렵사무소에서 엔지니어링과 예술 및 문화의 접점을 찾기 위한 페이스-2를 창시했다.

케빈 배리(Kevin Barry) USD와 캠브리지대학 졸업, 현재 NUI 골웨이 인문대 명예교수, 18세기 문학과 예술 그리고 근대 아일랜드 문학에 관한 폭넓은 저술, 라이스 평전 『Traces of Peter Rice』의 편저자

엮은이 2012년경 서울용산국제업무지구 프로젝트 설계에 참여하며, 그해 5월 프로젝트 계획설계 발표회에서 렌조 피아노를 만나, 피터 라이스를 화제로 서로 교감한 기억이 있다. 이 국제적 초대형 프로젝트는 불행하게도 발주측의 사정으로 전면 취소되었다.

파리와 제노아 사무실에는 130여 명이 렌조 피아노 건물 워크숍(Renzo Piano Building Workshop)에서 일하고 있다. 사무소란 규모가 작아야 친숙한 분위기를 만들어 모두가 서로를 알게 된다고 하였다. 피터 라이스에 대한 그의 기억은 자신의 주변에 있었다. 특히 재료를 자르고 맞추는 작업을 하는 아틀리에에 있었다.

1970년대 보부르에서였다. 우리는 모두 호기어린 청년 인문주의자들로 피터 라이스, 리처드 로저스, 테드 하폴드 등이었고, 우리는 건축, 아름다움, 구조 및 물리학을 모조리 하나에 넣고 싶어 했다. 1971년 보부르설계경기를 계기로 만났을 때 우린 모두 30대였는데, 그 당시 파리에서는 설계실무라고 해봐야 적당히 스케치를 해서 다른 건축가에게 넘기고 시공현장을 둘러보러 가는 소위 보아르 건축가의 전통을 기반으로 하고 있었지만 우리는 이와는 전혀 다른 개념을 가지고 있었다. 건축설계와 건설이 함께 가야 하고 아름다움, 반향, 그리고 창작이 공존해야 한다고 생각했다. 유연하고 수세기를 바꿀 수 있는 문화에 긍정적인 건물을 세우려면 정해진 공식에서 거리를 두어야 한다고 생각했다. 그렇게 몇 달이 지난 어느 날, 오브 애럽 사장이 파리에 와서 우리의 방식에 힘을 실어 주며 우리를 이해해 주었다.

우리는 사장과 추구하는 방식이 맞아떨어져 전설이 현실화된 것이었다. 1972년 1월은 또다른 위대한 인물인 로버트 보르다즈가 우리와 합류했다. 그는 보부르 건설을 책임있게 대중적으로 완성한 대표자라는 이름이 붙여진 인물로 젊은 우리를 응원하였는데, 우리에겐 그런 선구자가 필요했다. 나이가 35~36세였던 우리는 늘 어려움에 맞닥뜨리면서 무엇이 옳은지는 알아도 그것을 증명할 방법이 없었기에 오브 애럽 사장과 로버트 보르다즈가 필요했다. 두 사람 모두 연륜이 있었기에 우리에게 안전에 대한 개념을 전수해 주었고 우리의 주장에 확신과 응원을 해준 수호천사였던 셈이다. 1970년대 초, 보부르가 형상을 갖추어 가면서 렌조 피아노와 피터 라이스는 서로 공통점이 많음을 발견했다. 심지어 두 사람의 아내들은 각각 출산을 앞두고 있어서 아이에 대한 기다림과 초조감도 공유했다. 렌조 피아노는 "서로 유사성이 있음"을 발견했다고 했다. 피터 라이스와 내가 함께 작업하며 대화를 할 때는 누가 엔지니어이고 누가 건축가인지 구분이 안 될 정도였으며, 그런 핑퐁 게임은 계속되었다.

나는 온통 건물로 둘러싸인 세상에서 태어났는데 아버지가 건설업을 하였기에 나는 형상 구상과 건설과의 차이점을 못 느끼며 성장하였다. 그런 사유로 피터와 가깝게 일하는 것이 오히려 수월하였다. 나는 건설현장에서 자랐기에 아무리 작은 현장도 흥미로움 자체였다. 그 나이에 삶의 정수를 발견하는 것이라고들 하는데 그것이 진실이었다. 피터는 추론 게임을 즐겼고, 시계를 차지 않고 있으면서 지금이 몇 시인지를 추측해냈다. 시각을 추측함은 시간이 흐르는 가치에 대한 보다 나은 감각을 갖게 하였다.

그는 구조물의 체적을 보고 기둥과 매스를 추정한다. 이런 게임으로 시합도 했다. 결과는 비슷했지만 그가 나보다는 좋았다. 구조에 대한 우리의 이해는 직감적이었고 물리적이었다. 우린 서로의 영역을 넘나들었고 피터가 건물의 표현, 감성, 빛, 그리고 가벼움을 말했으며, 가벼움은 재미있는 게임으로 중력과의 싸움, 이런 게임을 하는 것은 환상적이고 매력적이었다. 우리는 처음부터 형태를 생각하지 않고 기능을 정했다. 구조는 처음부터 그리고 아름다움과 좋은 점을 생각하게 한다. 어떤 문화는 아름다움이란 어휘는 좋은 점을 동반하지 않고는 존재하지 않는다고 한다. 엔지니어와 건축가로서 함께 한 우리에겐 건물의 아름다움과 좋은 점은 하나이고 동일했다. 그런 이유로 우리는

좌로부터 피터, 렌조, 리처드 3인의 한때

장 퓌로베를 존경했다. 그가 건축가인지 엔지니어인지는 어느 누구도 단정하지 않았다. 오늘날의 건축이 형식화되었고, 아름답지도 좋지도 않은 상태로 건설되고 있기 때문에 잠시 잃어버린 예술이라고 선언하는 도덕주의자이기 때문이 아니었다. 우리는 런던의 작은 사무실에서 보부르설계에 착수했고, 우리가 가진 공통된 관념에 있는 그 무엇, 즉 조각들이 모인 것이 건물임을 즉각 이해하였다.

그 문화에 맞는 건물은 지속적으로 변화할 수 있는 것이어야 한다는 리처드 로저스의 말은 매우 날카로운 지적이었고 옳았다. 우리가 스케치한 것은 인간적인 기계였다. 우리는 자전거나 우산의 아름다움에 대해서 논의했고 보기만 해도 그것이 어떻게 작동하는지를 바로 알 수 있기에 아름답다고 할 수 있다. 거버레트는 구조물 자체가 특별한 생명을 부여받은 평형감을 창출한다. 그것이 바로 피터의 작품세계이다. 만약 그와 같은 상황이 당신에게 온다면 정황을 바로 파악할 수 있을 것이다. 어떤 일본 사람이 현장의 우리를 찾아 왔을 때, 그는 통역을 통해 아름다운 건물이라고 말했다. 우리는 통역에게 '왜 그렇게 보느냐?'고 물었는데 '건물이 모터사이클 같이 보인다'라는 대답이었다. 그의 표현처럼 문화적인 차이에서 건물을 기계처럼 보이게 하고, 기념비적이고, 암시적이며, 대리석 건축물과는 정반대로 계획하는 것이 작업의 일부였다.

사람들이 보부르가 정유시설이나 공장같이 보인다고 말할 때 우리는 흔쾌히 받아들였다. 그것이 바로 우리가 원했던 바였으니까! 보부르가 마무리된 후, 1977년에 두 사람은 아틀리에 피아노와 라이스(Atelier Piano & Rice) 사무소를 함께 설립했다. 그후 이 사무소가 존속했던 4년간 파트너십으로 여러 프로젝트를 진행했다. -1978~82년 일리고 쿼터, 코르시아노, 페루지아; 1978~80년 피아트 실험자동차; 1979년 오트란토 도시정비워크숍; 1980년 브라노 아일랜드 정비워크숍, 베니스 등- 이 파트너십 관계는 1981년에 해산되었다.

우리는 파트너 관계를 계속함이 좋은 방향이 아님에 동의했고, 엔지니어는 보다 넓은 기회가 있어야 하고 건축가도 가끔은 다른 엔지니어와 일을 해야 한다는 생각이 일치했다. 우리가 함께 일하는 사고방식은 체제적 구조를 만드는 것보다 중요했다. 그래서 다른 여러 프로젝트로 협력을 하면서도 그 체제적 구조는 중단하였다. 피터가 작고 후 나는 애럽사무소와 일을 계속하고 있다. 그것은 많은 사람이 자신들의 업적에 애럽사무소와 철학적 개념을 같이 하고 싶어 했으니까말이다. 그런 사람들은 다른 분야로의 진출에 행복해 하는 유전자가 여전히 남아 있을 것이다.

피터 라이스는 아일랜드 던다크에서, 렌조 피아노는 이탈리아 제노아에서, 그리고 리처드 로저스는 이탈리아 플로렌스에서 성장했다. 보부르에서 만나 서로 다른 언어로 소통했다. 로저스는 이탈리아에서 태어나 성장하였으므로 그와는 이탈리아어로 통했으나 피터와는 프랑스어로 소통했는데 그것은 그가 영국인도 이탈리아인도 아니었기 때문이었다. 우리는 말을 천천히 하였는데 그것이 두 사람 모두에게 중간적이었으며, 그는 아일랜드인, 나는 이탈리아인이었다. 그래서 모든 것을 융합하는 것을 좋아했다. 그는 휴머니스트였다. 예술을 사랑했고 예술가와의 협업을 사랑했으며 음악, 와인, 음식 및 승마도 사랑했다. 다양한 분야에 흥미를 가졌고 나와 같은 이탈리아인처럼 모든 것을 항상 혼합했다. 기술, 예술, 그리고 도시까지도 융합하였다.

나는 파리에서 메닐컬렉션을 설계하고 있던 어느 날 그와 저녁 식사를 함께 했는데, 마침 지붕의 '잎사귀' 요소를 어떻게 조립하여야 12m가 넘는 스팬을 건너게 하는지와 자연광을 내부로 끌어들일 수 있는가?라는 두 가지 요구사항에 대하여 서로 이견이 있었다. 나는 피터에게 이탈리아 엔지니어 루이지 네르비가 페로시멘트 보트를 만든 일화를 설명하고 있었다. 그러자 그가 갑자기 메닐에서도 지붕요소에 페로시멘트를 써보자고 했다. 나는 배를 만드는 일을 좋아해서 몇 년 전부터 이미 페로시멘트 보트를 만들었었다. 피터는 스케치를 하며 나를 도왔고 강재과 콘크리트의 흥미로운 조합에 대해 이야기했다. 강재는 밀실하고 미세한 조직체로 했으며, 당시의 대화로 메닐컬렉션 전시관의 문제는 완전히 해결되었다. 우리가 아일랜드인과 이탈리아인이었기에 가능한 일이어서 행복했었다.

건물 융합에 대한 그의 탁월한 감각은 그가 나에게 남겨 준 특별한 유산이다. 그것은 가장 중요한 가치이다. 건물은 어떻게 보이느냐가 아니고 어떤 것이느냐가 되어야 했다. 그는 건물의 기능을 이성적으로 재빨리 이해했다. 건물은 건축적으로 사회적으로 섞여서 좋은 피난처가 되어야 함을 잊은 적이 없었다. 그는 지구의 중력 관계에 대해 늘 관심을 가졌다. 그것이 우리가 항상 평균대에서 놀기를 즐기는 다 큰 소년 알렉산더 칼더를 좋아했던 이유였다. 피터와의 대화는 항상 유익했고, 주제가 다양했다. 건축이나 건설 이외에도 음악, 승마, 축구, 사커, 예술, 그리고 예술가 등 제한이 없었다. 피터 라이스는 내가 동료와 일하는 곳 주변에 항상 있었는데, 이 사무실, 옆방 공작실 등이 모두 그의 자취이다.

‖ 케빈 배리의 『피터 라이스의 자취』 ‖ 제3장 참조 ‖

6. 소통의 달인

- 리처드 로저스의 회고, 조나단 글랜시와의 대담에서 -

리처드 로저스 | Richard Rogers(1933.7.23~2021.12.18) |
이탈리아에서 태어난 영국의 건축가

2007년 프리츠커상 수상, 그의 주요 작품으로는
보부르, 로이즈, 밀레니엄 돔 및
서울 여의도에 파크원 타워가 있다.
편저자와는 1990년 후반 서울 SBS방송국 설계에서
로저스안을 기반으로 본설계를 진행하면서
그를 대하게 되었고, 런던사무소에서 협의를 하였다.
(전봉수 저, 『건축구조 25시』 2편 3장 참조).
2021.12.19 그의 별세 소식을 접하며
안타까움을 더했다.

조나단 글랜시(Jonathan Glancey) 작가, 방송인, 문필가, 1987년부터 〈인디펜덴트지〉의 건축과 디자인 분야의 편집책임자. 1997~2012년 〈가디언지〉의 건축 및 디자인 담당기자, RIBA의 명예회원

리처드 로저스의 첼시 자택에서 대담

아일랜드 출신의 피터가 급하게 리모델링한 로저스의 런던 테라스 하우스 내 3층 높이의 오픈 플랜 단면의 바닥과 바닥을 자연스럽게 이어주는 경량철망의 길고 튀어오르는 계단을 설계했다. 계단구조의 튀어오름은 오르내릴 때 편안하다. 로저스는 이들이 '피터처럼' 아주 독창적이고, 장난스러우면서도 친절하다고 했다. "피터는 함께 일하면

아주 즐거운 사람이었지요. 디자인에 대해 타고난 감각도 있었지만 거만하지 않았고 항상 침착했습니다. 명예나 돈을 좇지 않았고 겸손하게 살았지만 충만한 삶을 살았지요. 유머감각이 뛰어났으며, 와인과 여성, 노래를 좋아했습니다!" 피터는 아주 가정적인 사람이었으며, 그의 아내 실비아와 파리 RFR사무소에서 함께 작업했다. 현재 사장인 그의 아들 셋, 키란, 네몬과 니키, 그리고 딸 헤이디와 줄리아 등과 친했다. 이들은 모두 우리 삶의 일부였고 피터는 사람 간 연결에는 천재였다.

"그는 예술가, 시인, 조각가 같은 엔지니어 또는 엔지니어 같은 조각가였고 인본주의자였다고 생각합니다. 현대의 브루넬레스키(Filippo Brunelleschi, 1377~1446, 이탈리아 르네상스의 선구자적 건축가)라고나 할까! 그는 경계를 넘어 상상력을 자극했으며, 항상 낙관적이었습니다. 그는 세상을 떠날 때까지 나의 프로젝트의 90% 이상에 관여했습니다. 지난 20년 동안 우리에게 생각하는 방법과 건축할 것에 대해 엄청난 영향을 미쳤습니다."

기백이 넘치는 젊은 건축가들과 창의적인 젊은 동료 엔지니어들로 구성된 팀과 함께 피터 라이스도 리처드 로저스, 렌조 피아노와 함께 명성을 개인적으로나 공동으로 널리 알린 놀랍고도 뛰어난 보부르 3인의 핵심 디자이너 중 한 명이었다. 피터는 보부르의 출품작이 어떤 면에서 보면 너무 기계적이었던 디자인을 인본주의적인 것으로 바꾸었다. 그는 스케일과 비율에 대해 타고난 감각이 있었다. 그는 예술가이며 정교한 수학자였다. 그는 구조를 재구성하는 방식으로 건물의 전체 외관을 부드럽게 만들었다. 이 건물에는 많은 수공예품으로 사람들을 놀라게 하였다. 그것이 피터가 이 작품에 기여했던 위대한 부분 중 하나이다. 바닥에 가벼운 튜브를 배치하여 하중을 건물 밖으로 옮기면서 깊고 넓은 공간을 구성한 주강거버레트는 구조물을 한층 가볍고 우아하게 만들었는데, 이 또한 그의 손이 닿은 흔적을 남긴 것이었다. 파리에서 나이든 한 여성이 주강재(cast steel)를 두드리며 표면이 너무 사랑스럽다고 그에게 말한 사실을 아주 기쁘게 생각했다. 피터는 건축은 '부드러운 기계'이어야 한다고 생각하게 해주었다. 그로 인해 하이테크는 이제 더 이상 과거와 같은 기계적인 것이 아니었다. 재미 있었던 점은 처음에는 이 프로젝트를 별로 좋아하지 않았다는 것이다. 이 프로젝트는 테드 하폴드(애럽사무소 내 구조3팀의 리더, 경구조 전문 엔지니어)에게서 온 것이었다. 테드는 보부르 입찰 참가 통지서를 보고, 자세한 사항을 적어서 보냈다. 난 항상 "그건 테드의 아이디어야!"라고 말하곤 했었다. 우익 성향을 지닌 대통령이나 매우 중앙집권적 정권의 중앙집권적인 박물관 일을 하고 싶지 않았다.

그러나 테드와 렌조 그리고 다른 사람들이 나를 설득해서 입찰에 참가하였고, 결국 우리는 낙찰에 성공했다. 우리는 우리가 제출한 것을 '타임스퀘어와 혼합한 영국박물관'으로 생각했다. 이 아이디어는 세드릭 프라이스(Cedric Price)와 조안 리틀우드의 펀 팰리스(Fun Palace of Joan Littlewood), 아키그램의 플러그인 시티(Plug-in City of Archigram), 그리고 레이너 번햄(Reyner Banham)의 영향을 받았다. 테드는 렌조와 나를 애럽사무소와 함께 일할 건축가로 추천했으며, 이를 통해 우리는 피터를 만나게 되었는데, 그는 일단 의뢰받은 프로젝트에 대해 파리에서 우리와 함께 일하기 시작하면서 명성을 떨치기 시작하였다. 우리가 아주 빨리 적응해야 했던 것 중의 하나는 우리가 가정한 공사비 적산결과가 실예산의 배가 넘는다는 것이었다. 따라서 우리는 건물 위 아래로 움직이는 바닥과 같은 아이디어를 포기해야 했다.

또한 새로운 소방규정(보부르는 새로운 유형의 건물이었기 때문에 이 규정을 따라야 했다.)으로 허가당국은 지붕높이를 최대 28m라고 했지만, 우리 안은 40m 이상으로 12m나 높았다. 하지만 우리는 움직이는 바닥설계 아이디어를 포기하고 건물높이를 낮추게 되면서 피터에게는 그가 디자이너이자 구조엔지니어로서 자신이 얼마나 뛰어난 사람인지를 보일 기회가 되었다.

이 젊은 팀은 입찰 디자인의 규모와 하중, 높이, 기계적 복잡성을 줄였고, 그러자 매우 독특한 건축물로 나타나기 시작했다. 잡지 〈아키텍추럴 리뷰(Architectural Review)〉는 보부르의 완공에 대해 리처드 로저스의 현대적 '고딕' 작품과 노먼 포스터의 '클래식'한 작품으로 인식됨과 구분되는 데 충분한 이유가 있었다고 했다. 포스터 사무실에서는 입스위치에 있는 윌리스 파버(Willis Faber) 본사와 노위치에 있는 이스트앵글리아대학교(University of East Anglia)의 세인즈버리 시각예술센터(Norwich/England, Sainsbury Center for Visual Arts/SCVA)처럼 아름답고 매끈한 기계와 같은 '하이테크' 건물을 만드는 반면, 피터 라이스의 경량 달림 지붕구조와 보부르의 거버레트가 특징인 로저스 사무실의 표현력 있는 디자인은 결합된 볼륨감을 불러 일으키고, 후자는 모험적인 중세의 성당에 있는 플라잉 버트레스를 상기시키게 하였다. 아무튼 거버레트는 걸출한 아이디어였다.

피터는 이 아이디어를 함께 일한 레나르트 그루트와 조니 스탠턴의 공로로 돌렸다. 주강을 현대 건물에 사용한 아이디어는, 겐조 단케가 사용하였고, 프라이 오토가 뮌헨에서 건설 중이던 1972년 올림픽 경기장에 활용했지만, 대체로 전대미문의 아이디어였다. 피터는 그 건물을 보았고, 모두 프라이 오토를 칭송하였다. 사실 보부르 이전에 우리는 울프 올린스 디자인컨설턴트와 함께 첼시 축구팀의 그랜드스탠드에 만들었던 제안으로 그와 함께 작업하려고 했다. 이 시도는 무산되었지만 테드와 애럽, 그리고 결국 피터와 우리를 연결해준 것은 프라이 오토였다. 주강제공법은 당시의 건축에서는 활용하지 않았다. 주강제공법을 보기가 힘들었던 것은 주조 과정에서 문제가 생기면 예상하지 못했던 순간에 파열이 생길 수 있다는 우려 때문이었다. 그러나 과거부터 사용했고, 댐이나 발전소, 세계에서 가장 빠른 최신 선박을 구동시키는 터보 충전기 및 터빈 등에 사용하고 있었다.

완벽하게 주조된 강재의 성분은 강력하고 효과적이며, 아름답다. 라이스는 1990년 세계박람회장의 볼륨감은 있으나 경량 유리-강재의 파리 전시홀 그랑 팔레를 오랫동안 관찰했다. 피터는 보부르에서 가벼움과 휴머니티를 택하였다. 이는 그가 우리의 많은 프로젝트에서 택한 것으로, 물론 렌조, 노먼, 이안, 폴, 겐조 및 다른 사람과의 프로젝트에서도 시도했던 것이다. 쉬운 일은 아니었다. 그런데 첫 거버레트 시험에서 균열이 생겼다. 우리는 패닉상태에 빠졌다. 만일 이 거버레트가 제대로 작동하지 않으면 우리는 구조물 전체를 재설계해야 했다. 그러나 피터는 이 문제를 해결했다. 이 문제는 얼마나 오랜 시간 주물을 냉각시키는지와 관련이 있었다. 아주 걱정스러운 순간이었다. 우리는 한계를 확장하였고 어떤 방향이던 잘못되면 큰 일 나는 순간이었다.

라이스가 고안해 로저스팀과 함께 한 표현적이며 금줄세공이 점점 많아지는 지붕구조는 아무리 기본적인 기능이 있어도 그랑 팔레와 보부르의 우아함, 발명 및 간결함을 보이는 건물로 전승되었다. 그 좋은 예로 영국 브리타뉴의 캥페르 외곽 지역에 있는 프리트가드공장이 있다. 커밍스 엔진의 엔진필터 제작 분과가 있는 이 공장은 최대한의 깨끗한 공간과 쉽게 확장할 수 있는 건물이 필요하였다. 눈에 잘 띄는 빨간색 페인트를 칠한 경량의 인장형 지붕구조는 그러한 요구를 충족시킬 뿐만 아니라 건축잡지 편집자들이 그 이미지를 앞다투어 게재하고자 했다. 미화된 공장에 지나지 않다는 것에 형상을 부여했다. 중세 영국의 목재로 지어진 11조 양곡창고와 같이 프리트가드공장도 건축적이고 구조적인 설계에 치중하였다.

로저스는 "피터는 구조를 표준화하려 하지 않았다."라고 했다. 새 프로젝트마다 참신해 보이고, 우아하고 효율적인 디자인을 한다. 라이스가 자연적인 것과 인위적인 것 모두 좋아했다는 점, 구조엔지니어로 전공을 바꾸기 전에는 항공우주 엔지니어가 되고자 했었다는 점, 그리고 애럽사무소에서의 그의 첫 주요 프로젝트가 요른 웃존의 감각적인 오페라하우스의 대담한 지붕과 그 경관이었다는 점 등과 관련이 있을 것이다. 그가 디자인했던 가장 아름다운 지붕 중의 하나가 히드로공항의 터미널-5였는데, 이는 가늘고 긴 물결을 상상했다. 이는 피터만이 구조를 해결할 수 있었으나 여러 제약이 따르면서 훨씬 작은 부지에 재설계를 다시 해서 피터가 상상했던 물결 모양으로 건설하지 못한 것을 지금도 안타깝게 생각하고 있다.

그래도 우리는 투명성을 모색하고 있었는데, 대중들에게 아무것도 숨길 것 없이 모두에게 진정으로 개방된 문화센터를 내세우자는 아이디어를 살리기 위함에서였다. 일반 강재로는 이를 해결할 수가 없었다. 비록 로저스가 강재와 유리의 투명하고 개방적인 건축물에 특별한 관심이 있었지만, 이러한 건축물이 항상 가능한 것은 아니었다. 사실 로저스의 로이즈빌딩은 백랍같이 보이는 강재로 피복한 콘크리트구조물이었다. 로저스는 "이는 내가 좋아한 재료가 아니었다."라고 했다. '무겁고 둔해 보이지만, 화재에 대한 규정 때문에 선택의 여지가 없었다. 피터는 콘크리트의 무거움을 가볍게 보이게 하였다. 그는 렌조와 함께 석조건축이 새로운 가능성을 가지고 있음을 증명했다. 따라서 강재에 매달아야 할 필요가 없었다!' 〈아키텍추럴 리뷰〉는 1980년대 로저스는 현대의 고딕적 특성에 주의를 기울였고 기계기술이 참고되었음에도 하이테크 건물에서 수공업적 기술이 새롭게 부상하고 있다는 사실이다. 주강재와 같은 소재에 유리한 표준화된 구조물을 거부하는 경향과 급진적인 새로운 구조물로 실현하기 위해 숙련공 팀을 고용해야 할 필요성이 생겼다.

근대건축에서 실질적으로 밀려났던 작업 방식이 다시 활성화되었다. 로저스는 "피터가 당대 건축에 인간애와 시를 접목했다."고 했다. 오늘날 위대한 구조엔지니어들은 많지만, 피터 라이스와 같은 사람은 찾을 수 없다. 애럽사무소에는 오브 애럽과 잭 준즈와 같이 훌륭하고 인본주의적 구조엔지니어들이 있지만, 이들은 모두 피터와 그가 한 일을 사랑하며, 그가 행복하고 창의적인 상태를 유지할 수 있게 그가 회사 안팎에서 일하는 데 필요한 모든 지원을 하였다. 그들은 관대한 고용주이며, 친절하고, 명석한 동료들이다. 피터는 말할 것도 없이 뛰어난 소통의 달인이었다. 합당한 구조적 해법을 찾을 때까지 생각하고 또 생각했다. 나는 피터가 오늘 다시 이 계단을 오르는 모습을 보고 싶다.

‖ 케빈 배리의 『피터 라이스의 자취』 ‖ 제5장 참조 ‖

Ⅱ. RFR 사무소의 세 파트너

7. RFR» 사무소

- Structure et Enveloppe -

RFR은 1982년에 설립된 파리 소재의 구조 설계회사이다. 복잡한 구조, 공학 및 건축을 조화롭고 정교한 파사드 설계를 전문으로 하는 회사로 파리의 샹젤리제 거리, 워싱턴의 국회의사당, 더블린의 아일랜드 의회 및 CHQ 빌딩, 뉴델리의 인도 의회도서관에 있는 루브르 박물관 또는 루이비통 매장 등을 설계했다. 라이스의 작고 후에도 지속하였으나 2015년 말 아르텔리아라는 기업이 인수하여 사나와는 라 사마리텐 백화점을 개조하였고, 렌조 피아노와는 재판소 드 파리, 생드니 플리엘역 등의 설계를 맡았다.

초창기의 RFR

1980년대 초 〈아틀리에 피아노 · 라이스〉는 라 빌레트를 마지막으로 파트너십이 공식적으로 끝나가고 있었다. 파트너십 유지에 실무적인 어려움이 있었으나 라 빌레트가 새롭고 혁신적인 파트너십이 될 수 있다는 멋진 사례를 보였기에 1981년, 〈아틀리에 피아노 · 라이스〉의 뒤를 이어 RFR사무소가 탄생하였다. 이안 리치는 1978년부터 1981

년까지 애럽사무소에서 피터 라이스와 함께 쉘터스팬, 경량시스템, 가설건물 등 여러 프로젝트를 수행하였다. 그는 RFR의 탄생에 대해 기억하기를, "라 빌레트 설계경기의 당선자인 아드리앙 팽실베르는 자신의 팀에 구조컨설턴트가 있었음에도 피터에게 구조설계를 맡아 달라는 요청을 하였는데, 그것은 프랑스 정부측 담당자가 피터 라이스가 책임자로 참여해야 한다."는 요구에 따른 것으로 그들은 보부르 프로젝트를 보며 피터를 이미 알고 있었다고 했다.

피터는 마틴 프랜시스를 라 빌레트 프로젝트의 협력자로 초청했다. "우리는 파리에서 만나 저녁을 함께 하는 자리에서 피터가 라이스(**R**ice) + 프랜시스(**F**rancis) + 리치(**R**itchie)를 창설하고 회사의 권한도 3등분하자고 하였습니다." RFR사무소 창립자 3인 중 라이스가 가장 오래 남아 있었다. 리치는 1988년 런던으로 돌아와 자신의 건축설계사무소를 설립하였고, 마틴 프랜시스도 파리에서 프랑스 남동부 지중해연안 도시인 앙티브로 옮겨 선박의 인테리어사업에 열정적으로 몰두하였다.

피터는 RFR의 파트너 및 주주로서 지속적인 관계를 맺고 있었다. 피터가 병을 얻자 마틴 프랜시스가 RFR에 복귀하여 프로젝트를 관리할 때 이미 라이스는 건강상 업무를 수행할 수 없는 상태였다. 피터 라이스가 RFR에 있을 때는 애럽사무소와의 관계가 매우 견고하여 때로는 정도가 지나쳐서 어떤 프로젝트는 회사 간 업무의 경계를 구분하기가 불가능할 정도였다. 그러나 라이스가 없는 RFR은 애럽사무소와의 관계가 느슨해지고 타성적이 되어 교량 프로젝트에서는 구조설계에 형식적인 역할만 하는 상황이 되었다. 이안 리치가 RFR과 멀어진 것이 라이스와 더 이상 함께 하기를 원치 않아서 그렇게 된 것은 아니었다. 반면에 라이스는 라 빌레트 프로젝트에서 '화학적으로 결합하여' 1990년 초기 리치와 함께 했던 프랑스의 알베르 문화센터로 이어지게 되었다고 하였다. 1994년 이안 리치는 피터 라이스의 설계 수준에 대해 "그의 설계상 작품성과 감각에 대한 천재적 휴머니티와 관심"에 특별히 유의하였다고 회상했다. 이안 리치는 건축가와 같은 건축적 이상을 가진 특출한 구조엔지니어인 친구이자 지원군을 만난 것이다. 리치와 라이스 두 사람의 우정과 서로 간의 응원은 실로 값지고 대단한 것이었다. 현 시점에서 RFR을 돌아보면, 피터 라이스 대표가 현업을 하며 보냈기에 지금까지 유지되는 것이 아닌가 한다. 그렇다고 그들의 철학적 연대가 1980년대 후반에 완성되었다는 의미는 아니다. RFR에서 피터 라이스의 기풍과 작품성은 전적으로 새로운 도전, 새로운 아이디어 및 인습적 사고로부터의 새로운 변화를 추구하였다.

라이스에게 그러한 에너지와 열정이 있었다고 해도 어떤 이유로 프랑스에서 자리잡을 생각을 하였을까? 이에 대한 답은 인간 피터 라이스에 있다. 보부르 프로젝트가 라이스에게 큰 기쁨을 주었음은 사실이다. 그는 피아노 그리고 로저스와 엄청난 열의와 열정으로 협업을 했다고 글을 썼고, 그 프로젝트가 RFR 설립에 굳건한 토대가 되었으며, 국제적으로도 호의적인 평가를 받았다고 했다. 그러나 애럽사무소는 런던에, RFR은 파리에 있었기에 양사의 주장을 균형 있게 조율하기는 쉽지 않았을 것이다. 라이스는 프랑스에서의 설계에 어떤 매력을 느꼈을까? 영국과 프랑스는 설계의 철학과 실무에서 차이가 있다.

실질적인 면에서 프랑스에서는 구조엔지니어가 대부분의 프로젝트에서 주요한 사안에 대한 결정권을 갖는다. 라 데팡스의 뉴아즈에서 피터 라이스와 함께 하였고, 지금도 RFR에 근무하는 건축가 버나드 반 데빌은, 프랑스에서 구조엔지니어의 존재가 갖는 장점이 분명히 있어서, 중요하고 기념비적인 공공시설에서는 설계상 주요 결정을 오직 건축가가 하도록 함은 여전하지만 다른 부분은 구조엔지니어가 결정적인 역할을 한다고 봤다. 이러한 배경에서 RFR이 건축가와 구조엔지니어팀 등 다양한 분야의 전문가들과 협동조직으로 설계업무를 지속할 수 있었던 이유이다. 반 데빌은 자신을 건축가라고 하겠지만 구조엔지니어의 자질도 있다. 그가 구조 분야에서 건축가로서 설계조직을 이끌며 수행한 RFR 프로젝트를 설명한다고 해도 그리 놀랄 일은 아니다. 영국의 의료 분야에서처럼 구조엔지니어를 존중하여 중요한 창고 지킴이 역할을 하고 있다.

RFR의 한국에서의 프로젝트로는

1999년 한국고속철도 KTX광명역사(당시 남서울역사) 설계에 SNCF(프랑스 국영철도회사)의 AREP(건축설계담당사)의 컨설턴트로 참여하여 헨리 바즐리, 장 프랑수아 블라셀이 담당하였다.

8. 피터 라이스(R)

피터는 보부르 프로젝트를 끝내고, "건축가와 엔지니어가 함께 하며 동등하게 협력하여 노력하자"는 렌조 피아노와 뜻이 맞아 -〈피아노 · 라이스〉-를 설립하였으나 맡은 일이 주로 건축설계에 관한 것이었으므로 구조설계만을 독립적으로 수주할 여건이 아니었다. 사무소 위치 선정에도 어려움이 있었고 프랑스는 이탈리아나 영국과 달리 세금 및 법적인 문제가 복잡하여 회사의 실질적 운영을 원만하게 할 수 없었다.

그때 마침 건축가 아드리앙 팽실베르와 함께 라 빌레트 온실의 현상설계에 당선되었다. 그 온실이 유리구조였기에 마틴 프랜시스에게 참여를 제안했고, 그는 이안 리치와 함께 합류하였다. 리치는 프랜시스가 노먼 포스터 사무소에서 만난 건축가였다. 셋은 RFR 소속으로 한 팀이 되었다. 팀의 특성은 분명했다. 먼저 젊은 엔지니어 헨리 바즐리(훗날 대표가 됨)가, 그 다음에는 젊은 건축가 휴 더튼이 합류했다. 라 빌레트가 성공할 수 있었음은 불가사의한 어떤 힘이 작용하고 있었다. 프로젝트가 끝난 후 마틴 프랜시스는 합명회사의 익명 직원으로 계속 남았고, 리치는 떠났다.

RFR은 건축과 구조의 실험적 공유 영역을 유지했다. 이 점에서 애럽사무소처럼 보다 큰 규모의 계획을 구상하는 방식에서 벗어나 창의력 있고 혁신적인 조직을 유지하는 것이 분명해졌다. 만일, 프랑스에서 건설계획에 관련한 일을 하고자 한다면 프랑스에 본사를 둔 회사에서 일하고, 모든 면에서 프랑스식이 되도록 해야 한다. 아일랜드인인 나는 영국인이 아닌 유럽인으로 인식하였기에 프랑스식으로 일을 함에도 변화를 느끼지 않았고 보부르에서 일하며 프랑스에서의 생활이 자연스레 지속되고 있다고 느꼈다. RFR을 설립한 직후 직원들은 프랑스식 분위기로 변모했다.

이는 회사가 유럽에서 일을 하고자 했었고 일자리를 찾거나 일을 처리하는 방식에 대한 분명한 믿음이 있어 그렇게 된 것이었다. 파리를 근거지로 한 RFR사무소는 구조설계회사이지만 라 빌레트의 파사드로 상징되는 영감을 준 건축가들과 연관이 있다. 우리는 건축주, 건축가, 그리고 다른 많은 사람이 이러한 도움을 원한다는 것을 깨달았다. 구조설계는 언제나 초기부터 유리를 적용 가능한 설계 아이디어와 혁신을 강조할 추진력이 있었다. 외부와 협업할 때마다 다른 큰 문제가 도사리고 있지만 또 다른 방법을 제시하고 있음을 발견한다. 다른 사람들은 나에게 계속 다음과 같은 말을 한다. -"참 멋진 계획이네요. 행복하시지요? 왜, 나는 그 계획의 절반이나 다만, 몇 가지도 못 갖는지 모르겠네요! 왜 당신한테만 그런 일이 생기나요?"라고- 그러나 이러한 말은 어떤 의미에서 보면 또 다른 것을 지적하고 있다고 생각한다. -당신은 위탁을 받아야 마땅함에도 당신이 얻은 수주에서 당신이 할 수 있는 것을 만들어야 한다. 그리고 아시다시피 사람들은 창의적인 작품을 보기 위해 당신에게 몰려 들고, 독창적인 설계에는 다른 사람들과 협업의 필요성을 모른다는 것이다.- 이것은 내가 추구하려던 방법이 아니다.

나도 사실은 결과물이 어떠한가에 따라 자주 놀란다. 나는 여우를 쫓는 사냥개와 같다. 나는 정말로 땅에 가까운 것을 좇는다. 그러나 실상 그것이 어디로 가는지 알 수 없다. 코를 땅에 대고 정확히 그것을 좇는지를 확인해야 한다.

1992년 2월 4일 피터 라이스

‖ 라이스의 『An Engineer Imagines』‖ 부록2 참조-에 실린 글 ‖

9. 마틴 프랜시스(F)

- 프랭크 스텔라의 『An Engineer Imagines』, 권두언에서 -

마틴 프랜시스(Martin Francis) RFR의 공동설립자, 주주 많은 건축물 및 요트 설계 프로젝트를 수행. 프랭크 스텔라와 지속적으로 협업하고 있는 건축가이자 해양건축가

프랭크 스텔라(Frank P. Stella, 1936.5~) 미국의 화가, 조각가, 판화가, 미니멀리즘과 포스트화가, 추상화 분야의 작품으로 유명. 1984년 하버드대학 찰스 엘리엇 노턴 강의 국립예술메달 수상, 『An Engineer Imagines』에 소개글(Introduction)을 헌정

나는 RFR에서 피터와 프랭크의 관계를 알고 있었지만, 그 전에 프랭크를 만났거나 같은 프로젝트에 참여한 적은 없었다. 처음으로 함께 한 프로젝트는 싱가포르의 리츠 칼튼 밀레니엄 호텔의 조각 작품이었다. 규모가 작았으므로 안티베스의 보트 건조 장인에게 의뢰해서 본격적인 구조계산을 하지 않고도 경험적으로 만들 것을 제안했다.

그들은 복잡한 형태로 나무, 스테인리스강과 유리섬유로 작업하여 건조하였는데, 이것이 프랭크 스텔라와 함께 한 피터 라이스의 첫 프로젝트였다. 그때까지 그로닝겐박물관을 포함한 모든 협업은 프로젝트 단계에 남아 있었다. 피터와 프랭크를 함께 하게 한 최초의 프로젝트는 파리의 세느강을 가로지르는 보도교에 대한 아이디어였다.

프랭크 스텔라는 『An Engineer Imagines(1994)』의 서두에서, 그는 세느강을 가로지르는 3m 폭의 보도교 모형에 얽힌 일을 회상하였다. 피터 라이스에게 "이 보도교가 실제로 건설이 가능할까요?"라는 질문에 피터는 교량 모형을 살피고는 바로 "예"라고 했다. 나는 잠시 귀를 의심했다. 그리고 '예'가 무엇을 의미하는지 인식하기 시작했다. 물론 그것은 건설이 가능하다. - 내가 아닌 그에 의해 건설될 수 있는, 그러나 다행히도 방법은 더 많이 있었다. 어떻게 해서든지, 그가 의문, 아마도 조건적 승인의 의미를 전달했음에도 불구하고 - 그는 그 일에 대한 긍정적인 평가를 했던 추억이 오늘날까지 나를 행복하게 했다.

'예'는 우리가 그것을 계속해서 일할 수 있는 경우 그 모델을 개발할 가치가 있음을 암시했다. 그로닝겐박물관 프로젝트는 피터와 프랭크가 공들인 많은 아이디어 중 가장 발전된 것이었다. 그것은 스텔라의 마음에 남아 있으며 그가 그 개념에 도달했던 방법을 생생하게 설명하였다. 간단하고 쉽게 전달될 수 있는 아이디어가 중국식 완자 디자인에 관한 도버 책에서 갑자기 나왔다. 이파리 모양 중 하나를 조금 비틀어서 설계한 아이디어는 우리의 건물 모델에 멋진 지붕 평면을 제공하였다. 피터가 자랑스럽게 말할 수 있는 물결 모양의 지붕에 숨겨져 있는 아이디어가 무엇인지 나에게 물었을 때, "그것은 잎과 같다."라고 했다. 피터가 실마리를 잡고 이미지를 파악하자 그는 우리를 위해 우리가 좋아하는 것을 만들었고, 실용성 및 비용이란 장애물을 걷어내고 대형 버스처럼 전진하였다.

피터는 확실히 국가의 보물이었다. 아니 세계적인 보물이라고 함이 옳다. 그의 주변에 있으면 결과가 만족스럽지 못하고 노력한 보람을 느끼지 못할 때라도 내가 조금이라도 생각할 특권을 누렸음에 그에게 감사했다. "프랭크 스텔라 작품의 어떤 점이 피터 라이스에게 강한 인상을 주었나"라는 질문에 나는 두 가지로 답했다. 피터는 형태나 규모의 제약 없이 더욱 복잡한 작품을 창조할 수 있다는 자신감을 프랭크에게 심어주었다. 그는 항상 '물론, 가능하다.'라고 말했다. 피터는 아직 우리와 함께 하고 있었는데, 이러한 작품을 제작하기 위해 노력하는 프랭크 팀의 일원으로서 나는 중국관이 하이드파크와 센트럴파크에 깨진 주전자가 더 많이 세워질 것이라고 확신한다.

지금, 우리는 당신이 몹시 그립다.

캘리포니아에서 프랭크 스텔라

‖ 케빈 배리 ‖『피터 라이스의 자취』‖ 번역서 제8장 참조 ‖

10. 이안 리치(R)

이안 리치 | Ian Ritchie(1947~) |
영국 건축가, RFR사무소 파트너(1981~1990)

CBE(2000), RA(2004), RIBA Hons.
RIAS Hons AIA Hons 1947년생,
Ian Ritchie Architects 대표(1981~)

피터는 1978년 자신이 이끄는 애럽사무소의 구조3팀(경량구조)에서 함께 하자고 나를 불렀다. 피터와 직업적 관계는 그렇게 시작되었다. 그후 우리는 동료로서 친구로서 잘 지냈다. 런던 서부에 그와 가까운 곳에서 생활하며 퀸스파크 레인저스 축구클럽 응원차 종종 그의 가족과 함께 하였다. 우리는 서로를 신뢰하였기에 우정은 물론 직업적 관계도 좋았다. 만약에 둘 중 누군가가 어려움에 처한다면 모른 체 하지 않을 것임을 서로 알아보았다.

마틴 프랜시스와 1981년에 시작한 RFR사무소에서도 마찬가지였다. 피터의 충직함과 솔직함으로 RFR은 우수성 있는 설계작품 추구와 도전하려는 엄청난 잠재력을 지니게 되었다. 나는 피터와의 대화를 통해 그가 애럽사무소의 상사인 잭 준즈에게 크게 신세를 졌다고 생각하고 있다는 느낌을 받았다. 피터에게는 그가 보다 특별하고, 더 배웠으면 하는 사람으로 보였다.

피터에게 전문 분야에서의 든든한 기반과 도움을 주고 그의 탁월한 능력을 발전시키고 개발하며 그것을 증명할 수 있는 공간과 시간을 준 것은 사장인 오브 애럽의 사려 깊은 결단이었다. 그는 협업에 대해 많이 얘기하고 기록해온 애럽사무소의 팀워크가 중요함도 배웠다. 피터는 프로젝트의 중요한 단계마다 자신의 지식, 기술 및 지혜에 준하는 책임을 져야 한다는 신념이 있었다. RFR을 설립한 지 얼마 지나지 않아 브라서리 북기차역에서 마틴, 피터, 그리고 나와 셋이 함께 한 저녁식사에서 나눈 대화는 아직도 생생하다.

나는 세인즈버리센터 프로젝트를 노먼 포스터와 작업하며 수직케이블 가새로 건물 단부의 유리벽을 지지하는 방법을 찾지 못해 좌절한 이야기를 했다. 당시 우리는 라 빌레트 프로젝트에서 '생태기후학적 파사드'의 유리를 지지할 방법을 찾고 있었다. 유리핀이 비스듬한 각도로 햇빛을 받을 때 눈에 보이는 시각적 불편함을 피하려면 유리핀을 수평케이블로 교체하는 것이 이상적이라고 생각했다. 좌우에서 보아 수평적으로 시야가 트이도록 하는 것이 좋을 것이라고 하면서 스케치했다. 2m 간격의 케이블을 배치하면 박물관 내부에 있는 사람의 눈높이에 따라 다른 전망이 보고 시각적 간섭이 줄어서 투명에 가까울 것이라 했다. 그 때 피터는 "그만! 더 이상 얘기하지 맙시다. 내가 답을 찾겠으니 2주일 후에 만납시다."라고 했다. 최종 해결책을 얻는 데 디자인과 집중적인 구조해석 등에 많은 비용과 2년이라는 시간을 썼지만 그래도 파사드는 의도한 대로 되었다. 피터는 많은 프로젝트에 영향을 끼쳤지만 자신의 전문 영역을 벗어나지는 않았다. 그는 전문가의 편견, 경계 설정은 설계환경 구축에 있어 창작과 그 과정을 공유함에 큰 장애물이라고 했다. 그에게는 구조와 건축을 구분 · 유지하는 공동 작업의 기술이 있었다.

피터는 많은 건축가와 협업을 하였지만, 그는 종종 직접적인 대화에서 거리를 두고, 개념을 잡아갈 때 자신보다 덜 개방적이고 덜 관대한 건축가와 자신과의 사이에 다른 구조엔지니어를 세웠을 것이다. 그리고 그가 더 깊이 관여했던 사람들로부터 관심을 돌릴 정도로 프로젝트가 흥미롭지 않을 때에도 그는 같은 행동을 했을 것이다. 나는 그가 회의를 준비하거나 자신이 숙고하고 평정성을 유지하기 위하여 결론에 쉽게 이르도록 대화를 잘 이끄는 기술이 있음을 알았다. 피터는 자신에게 다가오는 세계적으로 유능한 건축가들의 환호에 내심 기쁘면서 겉으로 드러내지 않고 장난스런 태도를 유지했었다. 그는 허튼소리, 천박함 또는 오만함을 싫어했고 단지 피상적인 것에만 관심을 두는 자기중심적인 전문가에도 관심을 갖지 않았다. 피터는 바른 협업이라면, 만약에 구조엔지니어가 기술적으로 연구한 후 창의적인 제안을 한다면 건축가도 마땅히 태도, 의견 및 호의적, 창조적으로 임할 것이라고 하였다. 이러한 관찰 결과, 건축가가 지배하는 전후 환경에서 엔지니어의 정체성에 우려를 나타냈으며, 현재 우리 시대에 결핍된 영성에 대한 필요성과 같은 훨씬 더 중요한 요소를 염두에 두고 있었다.

피터는 건축가들의 존경을 받으며 자신감을 갖고 발전하면서 자신은 엔지니어이고, 허가받은 몽상가이며, 시인이라고 느꼈을 것이다. 우리는 현대건축은 평범한 사람이 느끼고, 시각적 감각 이상으로 소통하는 관능적 표현을 구현해야 한다고 종종 이야기했다. 피터는 이를 '손 닿은 흔적(les traces de la main)'이란 자신만의 표현을 했었다. 이는 본질적으로 건축가나 엔지니어가 건축물에 나타낼 수 있는 '맞춤형(bespoke)' 설계로 눈에 보이고 실질적인 건설 분야에서의 내용과 의미를 포함하고 있다. 이것은 라이스가 건축에, 특히 나에게 남긴 영구적 유산이다. 구조엔지니어는 단순히 해결방안을 설계하고 계산하는 이가 아니다. 그에게는 품질 연구에서 건축환경에 대한 깊은 이해, 통찰력과 공헌에 이르게 하는 도덕적 의무감이 있었다. 이러한 이유로 엔지니어는 또한 정치적 상황도 의식해야 함을 알았고, 클라이언트들과의 결실을 맺음에 있어 매력, 사유, 그리고 침묵을 능숙하게 동원하였다. 그는 천재답게 사회 전반에도 관심이 많았다.

문화유산의 일부로 건설세계와 건설환경의 중요성에 관심이 있었는데, 우리는 서로 의견을 조율하였고, 대체안을 선택해야 할 전략이나 아이디어를 택하는 이유를 장황하게 설명할 필요가 없었다. 우리는 일상생활, 가족, 축구, 작가와 사회 등 다양한 분야에 대해 많은 대화를 했다. 그는 그가 하고 있던 프로젝트에 대해 다른 건축가에게 맡긴 적은 없다. 나는 그러한 그의 진실성과 신중한 성격을 존경하였다. 우리는 전문직 커리어 속에서 일이 심각하게 잘못될 경우 사람들의 행동이 어떻게 그들의 진정한 성격을 드러낼 수 있는지를 의논했다. 그가 언젠가 파리에서 보내던 주말에 좋지 않은 사태에 연루되었는데, 크럽스공장에서 제작중인 보부르의 주강제 거버레트에 내부 균열이 발생했다는 연락을 받은 것이었다. 그는 이를 당분간 대외비로 할 것을 나에게 부탁했는데, 내가 자신의 생각과 그 주말의 기억을 발설하기를 원하지 않았을 것이다.

그는 그 위기의 순간, 어머니가 몹시 아프다는 전화를 받고 아일랜드로 날아갔다. 피터는 항상 다른 사람에게 여지를 주었다. 마음을 열고 열린 사고를 했고 사무실 밖에서는 항상 젊은 건축가나 저명한 건축가 모두가 줄을 서서 기다리고 있었다. 그의 시간에 대한 관대함은 전설적이다. 파리의 애럽사무소와 RFR사무소의 가까운 동료들조차도 때때로 그 줄에 서야 했다. RFR사무소에 있는 동안 런던-파리간 비행기 안에서 맛있는 식사와 고급 와인을 그와 함께 즐길 수 있었던 것은 나의 행운이었다. 그와의 대화를 위해 줄을 서서 대기하지 않아도 된다는 의미였기 때문에 피터는 자신이 해야 할 의무가 있어도 그날의 사건을 처리할 시간을 냈다. 그는 항상 자신의 약속에 충실했다. 체계화된 특징을 가진 사람이 아닌 그가 업무, 동료와 개인적 생활을 위한 시간과 공간을 만들기 위해 어떻게 관리하는지는 상당한 미스터리이다. 애럽사무소의 그의 비서 쉐일라와 캐롤린은 때때로 그의 책상 위에 쌓인 서류더미가 실제 프로젝트인지 그것이 피터 개인적인 것인지 아니면 내 것인지 물어보기 위해 나에게 전화하곤 했다. 그러나 피터는 그런 일의 관리에 시간을 거의 쓰지 않았다.

1987년에 피터와 나는 1992세비야엑스포 전시관의 설계 콘셉트를 의논하는 파리회의에 함께 참석하였다. 수학자, 철학 배경의 작가, 교사, 그리고 디자이너인 피포 리오니까지 참여를 요청하였다. 그는 이미 미래 스페인관에 대한 구체적 아이디어를 준비하는 최종 후보자 명단에 있는 사회인류학자 컨설턴트 회사인 디제와 관계하고 있었다. 그들은 물리적으로 무언가를 실현하기 위한 연관성에 대한 아이디어는 없었지만 그들의 말은 훌륭했다. 그 모임 중 한순간 피터가 머리를 테이블에 대고 깊은 잠에 빠진 순간을 잊을 수 없다. 나는 피터의 성격을 다른 무엇보다 좋아했다.

그는 마음이 열려 있었으며 관대하였고, 구조공학과 수학에 있어서 자신의 전문적인 기량과 강력한 기술력이 그를 파악하는 데 장벽이 되지 않았다. 그는 자화자찬을 모른다. 자아를 지키지만 계속적으로 높아가는 명성에도 불구하고 그 명성이 자신을 혼란스럽게 하거나 다른 사람을 압도하도록 하지 않았다. 그는 전형적인 멘토였다. 그 대신에 그가 요구한 것은 사람들이 진솔한 모습을 보여야 한다는 것이다. 그는 허위, 인위 또는 자만을 참지 못했다. 그가 더 매력적인 것은 상대방을 무장해제시키며 가르침을 주는 그의 단순함과 개방성이다. 그가 RIBA 골드메달을 수상했을 때 전했던 더할 수 없는 기쁨 속에 이러한 개성이 잘 드러나 있었다. 당시 그의 직계 및 대가족이 행사에 참여했을 때 그의 가장 소중한 친구 두 사람이 공개적으로 그에게 도움을 받았다고 표명했다. 피터의 주위에는 한 인간으로서 그의 자신감과 가치를 지지해 주는 가족과 친구들의 존재가 있었다. 그들은 여러 직업적인 친구가 된 몇 안 되는 사람 중 한 명인 그에게 아주 특별한 엔지니어가 되도록 하였다. 나는 그러한 이유로 그가 아주 그립다.

그의 구조적 지혜도 그렇지만 그보다 그가 그런 멋진 사람이었기 때문에 더욱 그립다. 겸손과 어린이 같은 호기심과 함께 걸어온 건축과 구조, 미술, 연극, 그리고 음악 분야에서 많은 작업에 영감을 남길 것이다.

‖ 케빈 배리 ‖『피터 라이스의 자취』 참조 ‖

Ⅲ. 라이스의 자취

11. 시드니 오페라하우스

건물개요

시드니 오페라하우스는 오스트레일리아 뉴사우스웨일스주 시드니에 있는 공연장이다. 1,547석 규모의 오페라 극장과 2,679석의 음악당을 비롯해 여러 개의 극장, 전시관, 도서관 등이 있다. 이곳은 세계적으로 유명하고 인상적인 20세기의 건축물 가운데 하나로, 세계에서 가장 유명한 공연장 중 하나이다. 공원 지역과 함께 시드니 하버 브리지, 베넬롱 포인트가 있다.

남쪽으로는 하버 브리지와 가까우며 하버 브리지와 시드니 오페라하우스 주변의 풍경은 오스트레일리아를 대표하는 이미지이다. 조개껍질 형상의 지붕은 국제설계공모전의 당선작으로 덴마크의 건축가 요른 오베르 웃존(Jørn Oberg Utzon, 1918년 4월 9일~2008년 11월 29일)이 오렌지 껍질을 벗기던 도중에 떠올린 것으로 알려져 있다. 부분적으로 원형 모양인 바깥 표면은 그곳을 자주 항해하는 범선의 소함대를 떠올리게 한다. 발레와 음악공연, 오페라가 열리는 시드니 오페라하우스는 오스트레일리아 오페라 극단, 시드니 극장단, 시드니 교향 관현악단의 상주지이며, 뉴사우스웨일스주 문화부 장관 산하 기구인 오페라

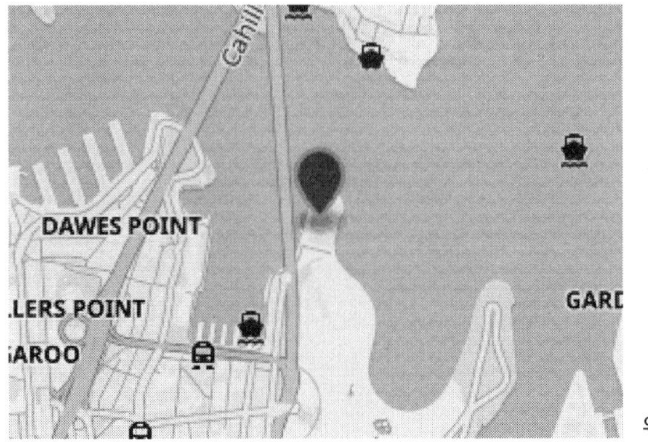

위치도

하우스기금에 의해 운영된다. 2007년 유네스코 세계유산에 선정되었다.

건설과정

1959년 3월 1일에 착공하여 1973년 10월 20일에 완공. 개관시 영국의 엘리자베스 2세가 개관식에 참석하였다. 지금은 호주와 시드니를 상징하는 건축물이지만, 당시 건축가들 사이에서는 너무 비현실적인 설계라는 의견이 많았다. 실제로도 건설 시 어려움이 많았는데, 전례 없는 건축형태로 인한 각종 문제로 조개껍질 형태의 지붕 건설에만 8년이 걸렸다. 공사 기간은 당초 예상한 10년에서 6년이나 초과한 16

시드니 오페라하우스 외관

년이 걸렸고, 공사비도 10배나 증가한 1억 달러가 소요되었다. 1973년 10월 20일 엘리자베스 2세의 참석하에 준공식을 거행한 후에도 부분적인 변경은 계속되었다.

시설의 특징

외부 마감은 무광의 아이보리색 타일과 유광의 흰색 타일을 배열하였다. 타일들은 특수제작하여 때가 잘 타지 않고, 빗물만으로도 먼지가 충분히 깨끗하게 씻겨나가기 때문에 별도로 청소할 필요는 없다. 타일의 개수는 100만 개가 넘으며, 개발에만 3년이 소요되었다. 유리창은 대부분 45도쯤 기울어져 있는데, 이는 야간에도 밖을 잘 볼 수 있도록 고려한 것이다.

건축가 요른 오베르 웃존

요른 오베르 웃존은 덴마크의 코펜하겐에서 선박기술자의 아들로 태어나 덴마크에서 자랐다. 1957년 시드니 오페라하우스의 설계경기가 그의 첫 국외 설계이며, 출품작이 설계기준에 맞지 않았음에도 불구하고 당선되었다. 심사위원 중 한 명이었던 에로 사리넨은 그를 '천재'로 묘사하면서 다른 어떤 선택도 양보할 수 없다고 한 반면에 루드

요른 웃존

비히 미스 반 데어 로에(Ludwig Mies van der Rohe)는 그를 무시했다.

여러 해 동안 웃존은 그의 원래 개념 설계에서 차차 주요한 변화들을 이끌어냈으며, 점차 두 개의 홀을 덮는 거대한 조개형상의 건설방법을 개발했는데, 원래의 타원형 껍데기를 구의 복잡한 부분들에 기초를 둔 디자인으로 바꾸었다. 웃존은 자신의 설계가 오렌지 껍질을 벗기는 단순한 행위에서 따왔다고 했는데, 건물의 14개 껍질 형상을 다 결합하면 완벽한 구의 형상이 되는 것이었다. 공사비 초과를 억제하려고 웃존의 디자인, 스케줄, 예상비용 등에 의문을 가졌고, 결국은 웃존에게 비용을 지불하는 것을 중단했고, 1966년 2월 수석 건축가에서 사퇴하라는 압력을 받았다. 웃존은 며칠 뒤 비밀리에 오스트레일리아를 떠났고, 다시는 돌아오지 않았다. 오페라하우스는 결국 완공되어 1973년 준공식을 가졌으나 건축가는 행사에 초대받지 못했고, '요른 웃존'이란 이름도 언급되지 않았다.

2003년 웃존은 시드니대학교에서 오페라하우스 디자인으로 명예박사 학위를 받았다. 당시 웃존은 호주까지 여행하기에 건강이 좋지 않았음에도 이 학위를 수락했다. 웃존은 한 호주 명예 훈작(Companion of the Order of Australia) 작위를 받았다. 웃존은 2000년에 맺은 계약에서 오페라하우스(특히 리셉션 홀)를 재설계하는 데 참여하기로 했다. 2003년에는 프리츠커상을 받았다. 2007년 6월 29일 시드니 오페라하우스는 유네스코 세계유산으로 선정되었다. 2008년 11월 29일 웃존은 심장마비로 사망했으며, 완성된 오페라하우스를 직접 보지 못한 채였다.

피터 라이스의 회고

나는 AA를 졸업한 후, 왕립학교를 1년 다니다 1956년 시드니 오페라하우스 프로젝트에 참여하기 위해 애럽사무소에 입사했다. 시니어 파트너인 로널드 젠킨스 밑에서 일했다. 로널드는 엔지니어였는데, 그의 수리적인 우수성과 정확성은 나에게 강한 인상을 주었다. 그는 수학적 엄격함과 분명한 구조의 이해가 조화를 이루고 있는 이상적인 엔지니어의 자질을 갖추고 있었다. 나는 3년 동안 그의 옆에서 시드니 벨(두께가 얇은 곡면 슬래브 또는 판 형태로 된 속이 빈 구조물)의 수수께끼를 풀기 위한 논리적 해결책을 모색하면서 함께 일했다. 젠킨스의 후임인 잭 준즈가 책임엔지니어로서 이전의 연구결과인 쉘구조 해결책과 대조적으로 리브구조의 일을 했다.

건축가 요른 웃존은 이 방법이 진보된 생각이라고 여겼다. 그리고 나는 내 자신이 쉘의 기하학적 문제를 어떻게 해결하고 요약해야 하는지 알고 있는 몇 안 되는 사람 중 한 명이라는 것을 알아차렸다. 내가 오페라하우스 프로젝트를 계속하겠다는 약속의 일부로 나는 시드니에 가겠다고 제안했고 허가를 받았다. 이때 나는 런던에서 대규모 팀과 함께 일한 지 3년 후의 일이었다. 런던에서는 지붕구조의 해석을 완공한 상태는 물론 각 시공단계별로 수행했으며, 프리캐스트부재의 기하학적 형상을 정의하는 프로그램을 만들었고 또한 프리캐스트 부재에 대한 기하학적 정의를 내리기 위한 컴퓨터 프로그램도 만들었다.

시드니에 도착해서는 아주 경험이 풍부한 엔지니어 이안 맥켄지(Ian Mackemzie)의 조수가 되었는데, 그는 포디엄(높이 올린 연단 또는 지휘자용 지휘대 등의 높은 기단) 구조를 감독하고 있었다. 내가 도착해서 1개월이 되었을 때 그는 건강악화로 병원에 입원해야 했다. 이때 그의 일시적 부재로 나는 혼자 임무를 떠맡게 되었고, 나는 그 일이 단순하여 상식선에서 처리할 수 있을 것이라고 생각하였다. 그때부터 나는 28살의 나이로 3년 동안 현장상주 엔지니어가 되었다. 그

지위에서 나는 아주 재능 있는 측량사 마이크 엘픽과 함께 모든 쉘과 타일부재의 측량과 위치를 책임지게 되었다. 지나간 시간의 기억은 대단한 영향력을 지닌다. 특히 그 기억이 중요한 비중을 차지하는 사람이나 사물과 관련이 있을 때는 더욱 그러하다. 요른 웃존이 내게 그런 존재였다. 웃존과 직접적으로 함께 일하지는 않았지만 그의 철학과 특수한 재능으로 인해 건축적 설계에 영향을 받았다. 나는 시드니 오페라하우스 지붕구조와 계획, 설계 및 시공하는 6년 동안 그와 함께 일했다. 그 기간은 건축예술에서 길고 느린 수습 기간이었으며, 그 건축물을 걸작으로 만드는 데 공헌했던 부재들을 관찰하고 정확히 이해하기에 충분한 시간이었다.

나는 시드니에서 일하기에는 건축에 대해 아주 원초적 감상이 있었다. 1950년대 아일랜드에서의 시골 생활은 모든 일에 별로 도움이 되지 못했다. 그래서 나는 내게 다가오는 정보와 지식은 어떤 것이라도 받아들일 준비가 되어 있었으며 그렇게 순수하게 경험을 쌓았다. 오페라하우스의 디자인은 처음부터 아주 드라마틱했다. 1957년의 오페라하우스 현상설계는 전후 최초로 열린 국제건축현상설계였다. 그 당시

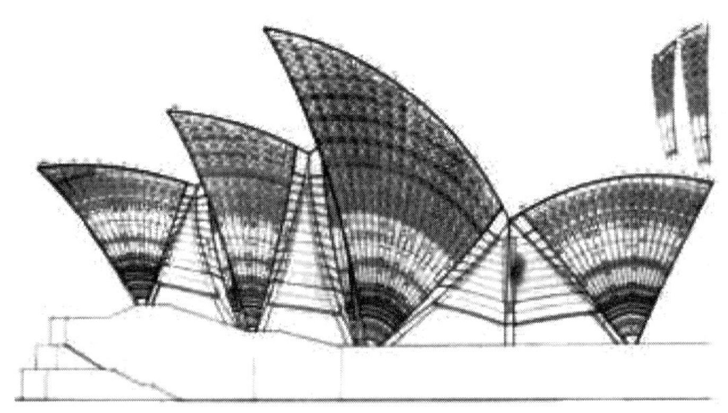

지붕구조의 분할도

현상설계에서는 그다지 중요하게 여기지 않았던 복합성이 심사위원들의 건축가적 자질에 의하여 보장되었다. 이 완전성은 요른 웃존의 구조가 채택된 방법에 대한 경외스러운 이야기를 통해 극적으로 증명되었다.

요른 웃존의 구조는 피아노와 로저스의 보부르계획안과 마찬가지로 다른 계획안과 구별되는 뚜렷한 특징이 있었다. 그것은 단일 포디엄(podium) 위에 2개의 홀을 나란히 배치한 것으로 입구가 뒤에 있어 스테이지를 돌아들어 갈 수 있는 유일한 구조였다. 갤러리와 바는 장관을 이루는 항구를 바라볼 수 있게 맞닿아 있었다. 그리고 또한 여러 쉘(shell)이 있었다. 쉘은 포디엄 위의 힘 있는 범선의 돛과 같았고 시각적으로도 큰 홀을 덮고 있는 한 세트와 작은 홀을 덮고 있는 더 작은 유사한 세트로 되어 하나는 또 다른 하나와 균형을 이루고 있었다. 나는 항상 지붕구조의 윤곽은 감소하는 음파의 형태에서 영감을 얻었을 것이라고 상상했었다. 계획안의 단순함과 신비함은 모든 역경을 이겨냈으며, 기단과 쉘이 어우러져 우리 시대를 대표하는 건축물로 완성됐다. 현상설계에 당선된 후 요른 웃존은 애럽사무소의 다른 덴마크인과 일하기 시작했다. 그 건축물은 설계가 어느 정도 완성되기 훨씬 전임에도 불구하고 즉시 착공해야 한다는 것이 기본방침이었다. 그러한 조기 착공에 대해 많은 문제가 지적되고 수많은 비난이 있었지만 그렇게 서두르지 않았더라면 모든 것이 불가능했을지도 모른다.

왜냐하면 처음부터 담당자들은 건설할 구조물에 대해 흥분해 있었고 그러한 혁신적인 프로젝트는 백지화될 가능성이 없었음에도 많은 의문점이 계속적으로 제기되고 있었기 때문이었다. 쉘구조 문제의 점진적인 해결법 개발은 건축가와 함께 일하는 엔지니어의 창의적 사고를 표현한다. 웃존은 주위에 있는 것에서 최상의 것을 얻어낼 수 있는 위대한 능력이 있었다. 처음에 엔지니어들은 요른 웃존이 현상설계에서 스케치한 대로 정확하게 건축하려고 시도했다. 그러나 지붕구조의 형상은 어떠한 기하학에도 적합치 않았다. 정해진 기하학으로부터라기보다는 결국 매개변수를 이용하여 확립되었다. 바깥 표면을 타일로 마감하기에는 주요 문제가 있었다. 표면의 품질관리는 말뿐이었고 현장에서의 타일붙이기 순서로 품질관리를 한다는 것은 그러한 빌딩 규모에서는 거의 불가능하였다. 그러므로 타일의 품질관리를 위하여 규격화된 모양을 갖는 프리캐스트부재가 필수적이었으므로 그에 대한 검토가 필요했다.

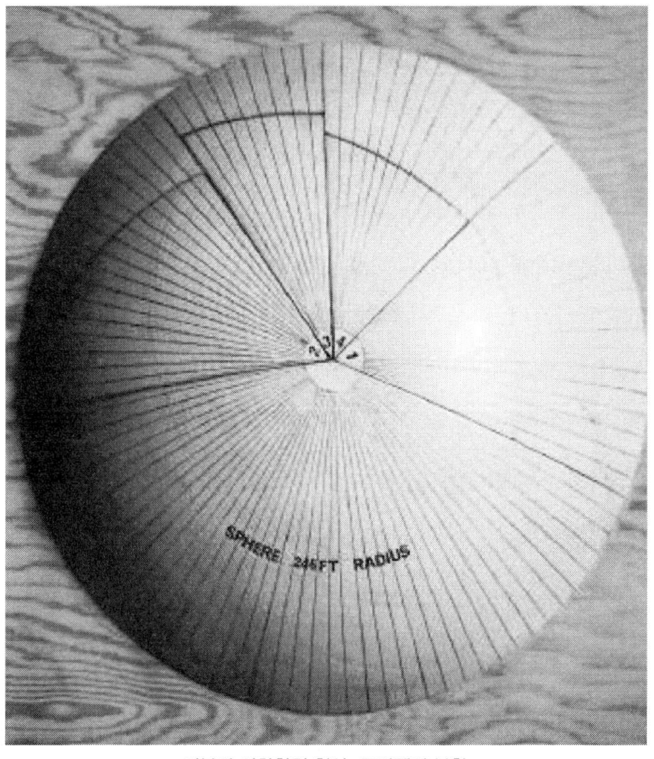

지붕의 기하학적 형상, 구면체의 분할

이러한 검토는 쉘이 3차원체라는 자각과 함께 시작되었다. 즉 측면도에서 시적인 지붕구조의 형상으로 대표되는 2차원의 형태가 아니라 밀집형태로 모여 멀리 보이는 3차원의 물체가 바로 쉘이었다. 변화는 극적이었다. 모든 것은 한 구면체 안에서 부분을 이루고 있었다. 바깥 표면은 레귤러 세트, 즉 셰브론(chevron) 형태의 타일로 분리되었으며, 그것은 전체의 외부형태를 단순화하여 반복적으로 생산할 수 있는 거푸집을 가능케 했다. 그 구조물은 구의 대원 방향으로 조각나고 지붕의 평면 방향으로 잘게 잘린 것 같은 모양의 원형 리브였다. 내부 접합부는 유리벽과 모든 종류의 자재가 자연스러우면서도 논리적인 방법으로 부착되게 했다.

이 건물은 시공과 건축상세에서 모든 주의가 필요했다. 타일 리드가 이를 잘 나타낸다. 타일은 윤이 나고 반사하는 자정능력이 있는 백색과 무광택 크림색 두 종류가 있는데, 메인 쉘의 테두리는 크림색 타일 리드의 큰 밴드로 나타낸다. 따라서 면의 명료도는 멀리서도 - (항구로부터 주단면에 들어설 때 첫 시선이 머무는 곳에서) - 볼 수 있다. 가까이에 가서 보면 타일의 크기가 1.5m 내지 2.5m인 각각의 리드를 크림색 타일의 싱글 밴드가 둘러싸고 있다. 그리고 빌딩 옆에 서게 되면 태양을 받아들이고 면의 곡률을 명확히 하는 각각의 타일은 움푹 들어간 조인트로 접합되어 있었다. 세부적으로 보면 거푸집에서 제작되어 각각의 치수로 잘게 잘려진 타일은 일정한 방향으로 향하게 함으로써 접선방향의 햇빛을 끌어들여 면의 반짝임을 더하는 방식으로 시공하였다.

시드니 오페라하우스의 교훈은 모든 단계의 건설공사에서 관심은 접합부였다. 완벽한 건축의 중요성과 함께 모든 레벨의 구조에서 관심과 완벽한 접합부가 되어야 한다는 인식에 큰 영향을 끼쳤다. 시드니에서의 기억은 직접적으로는 보부르에 주강재를 사용하자고 제안하도록 하여 거버레트를 사용하게 되었다. 이 기술을 이용함으로써 건축물이 두드러지지 않게 하였다. 건물의 규모와 친근함에 대한 대중의 반응을 조절하는 것이 건축물의 상세였다. 그것은 여전히 대규모 수작업의 흔적을 느낄 수 있는 고딕건축의 흥미와 로맨티시즘으로 돌아가는 것이다. 그런 중요한 시기의 영향력을 단지 오페라하우스 프로젝트 진행 하나만의 특징으로 국한할 수는 없지만 절반 정도 완성된 건물을 돌아보면서 건물의 다양성과 복잡성이 끊임없이 궁금증으로 다가왔다. 많은 부분이 건물의 구조적 해결방법을 통해 우연히 나온 결과였지만 젊고 순진한 엔지니어에게는 건축이 주는 마법 같은 시간, 노력, 고통의 결과였다.

그들은 만약 뭔가 할 가치가 있는 것이라면 반드시 그것을 잘 해야 가치도 있다는 것을 확인했다. 기억은 선택적이다. 나는 요른 웃존이 현장에서 클라이언트나 고위 관계자들에게 건물에 대해 자주 설명해 주고 있음을 기억한다. 그날도 나는 우연히, 클라이언트에게 정면에 있는 스테이지 뒷벽이 거기 있어야 하는 이유를 설명하는 그를 발견하였다. 스테이지의 대형 뒷벽 20~30m의 공백으로, 남쪽을 향하고 있는 커다란 쉘 아래 입구로 들어갈 때 마주보게 된다. 이성적이고 신중한 건축주가 이제는 아티스트에게 벽화와 조각을 발주할 시기라고 했다. 그러나 웃존에게 있어서 그것은 아주 분명했다. 벽은 존재하지 않았으나 양측면의 흐름은 중요했다. 나는 확신했다. 어떻게 그렇게 크고 우세한 뭔가가 존재하지 않을 수 있는지 이해했다. 클라이언트 또한 어떤 예술가에게도 위임하지 않았기 때문에 확신했음에 틀림없다.

요른 웃존이 오페라하우스 프로젝트를 포기한 것은 정치적 이유 때문이었다. 건축가가 그 프로젝트에 없어서는 안 된다는 사실을 증명하기 위해 어쩔 수 없이 사임해야 하는 상황이 발생했다. 그러나 정치가는 이미 마음이 돌아섰고 그는 물러나야 했다. 순진함 때문이었을 것이다. 그러나 건축가가 그런 이유로 비난받을 수는 없다. 그리고 웃존이 그런 실수를 저지른 첫 번째 사람도 아니었다. 그것은 건축가의 재능이 얼마나 복잡한 이해관계에 에워싸여 있는지를 보여준다. 아마 다른 이유도 있었을 것이다. 그때까지 웃존은 거의 9년 동안 프로젝트와 함께 해왔다. 그는 시드니에 와서 자신의 영감과 배경을 모두 버리고 디자인을 다듬으려고 무척 애썼다. 유능한 클라이언트란 없었다.

오페라하우스는 당시 시드니의 상징인 뉴사우스웨일스의 카힐 수상 한 사람의 꿈이었다. 그러나 오페라하우스는 개요를 명확히 밝혀주고 디자인 문제의 조정자 노릇을 할 오페라 회사만을 필요로 했다. 오페라와 발레, 연극 컴퍼니들은 건물 사용자로서 발휘할 힘이 부족하였다. 그리고 건물은 원래 책정된 예산을 초과하고 있었다. 비용 문제는 바로 거기에 있었다. - (호주인들은 유흥을 즐겼으며, 오페라하우스라는 복권이 이를 증명하였다) - 그래서 예산이 정치적 이슈가 되었다. 나는 요른 웃존이 지쳤다고 생각했다. 그는 재충전이 필요했고 바로 그 순간에 정치가가 공격해오기 시작했다. 그때 그의 매력이 나타났다. 큰 키에 품위 있고 거부할 수 없는 사람이었다. 그는 천재처럼 드로잉하고 스케치할 수 있었다.

그는 무슨 일이나 자기 방식대로 하였다. 에블린 바우가 말한 것처럼 매력은 "춥고 습기 많은 기후의 질병이다." 아일랜드는 매력적이다. 나는 그곳의 매력적인 모습을 지켜보았고 매력은 시선이 닿으면 잠식되어 위기에 처했을 때, 그는 그에게 필요한 친구들을 멀리 했었다. 아마도 그는 이전에 너무도 자주 그들을 매혹했을 것이다. 무슨 일이 일어났을지 추측해 보는 것은 흥미로운 일이다. 건축가와 클라이언트, 정부

사이의 논쟁 속에서, 최종 갈등은 음향조절이 필요한 천장과 건물 끝 유리벽에 관한 분쟁으로 불꽃이 튀었다.

웃존은 새로운 재료인 알루미늄으로 보강된 플라이우드를 개발하고자 했다. 정부는 경쟁입찰을 원했다. 구조물의 완전성이 위기에 놓이게 되었다. 웃존은 이 상황을 방어하지 않을 수 없었다. 왜냐하면 내부건축의 완성도는 특히 재료면에서 그가 이룬 다른 모든 것보다 뛰어났기 때문이었다. 웃존은 타협할 수가 없었기에 그 논쟁에서 항복하였다. 그의 삶의 여정에서 그것은 가장 큰 실수였다. 그러나 한 예술가로서, 만약 건축가를 예술가로 부를 수 있다면 그것이야말로 제일 좋은 호칭이다. 시드니 오페라하우스 프로젝트 작업을 끝낸 후 나는 미국에서 18개월을 보냈다. 6개월을 뉴욕에서 12개월을 코넬에서 초빙연구자로 지냈는데, 아무런 제약 없이 대학의 광범위한 코스를 시험할 수 있게 했다. 이 기간 동안 나는 공학에 대한 나의 생각을 수정할 수 있었고, 미래를 준비하였다. 나는 1968년에 영국으로 돌아와 애럽사무소의 구조3팀에서 일하였다. 내가 처음으로 비선형 거동을 이해하기 시작했을 때 프라이 오토와 중요한 일을 함께 하였다.

안드레 브라운의 평전에서

시드니 오페라하우스는 당선작으로 결정된 날부터 공사장 인부가 현장을 떠난 마지막 날까지 호주의 정치계 및 건설계에서 시끄러운 논쟁의 중심에 있었다. 많은 이야기 중에서 건축가 요른 웃존이 태어나지도 않은 아이를 버려야 했던 출생의 아픔을 정리한 데이비드 메센트의 이야기는 주목할 만하다. 피터 라이스에게 가장 중요했던 것은 설계자 요른 웃존의 건축과 기술에 대한 견해에서 받은 영향이 컸다는 것이다. 라이스는 웃존도 오브 애럽과 같이 최상의 존경을 받을만한 천부적 재능이 있다고 생각했다. 라이스는 시드니에서 3년여 현장 구조엔지니어로서 근무하였기에 웃존과 가깝게 지낼 수 있었음은 평생을 간직하게 되는 직업적 견해를 정립하는 데 중요한 계기가 되었다. 그 견해란 건축가는 무릇 구조엔지니어가 흉내낼 수 없는 그리고 해서는 안 되는 비전과 숙련기술을 제공해야 한다는 것이다.

그 대신 엔지니어는 그 숙련기술을 지원해야 하고 적절한 대응이 있어야 한다는 것이다. 시드니 오페라하우스의 설계개념 분석을 위해 당초 안의 상당 부분이 변경, 계산 및 정제되면서 도면화되었다. 설계의도를 실현화하면서 당면한 문제는 공사비와 정치적 상황이었고, 이는 항상 호주의 국가적 뉴스가 되었다. 건물의 겉모양만으로 어느 나라의 무슨 건물이라고 즉각적으로 알아보는 예는 세계적으로 드물다. 오페라하우스에서 피터 라이스의 역할이 무엇이었고, 그의 마음속에서 자란 아이디어가 형성되어감에 따라 오페라하우스의 역할은 무엇이었나? 이에 대한 대답은 라이스가 공학 비즈니스 밖에서도 경력을 쌓고 싶다는 생각을 갖게 한 프로젝트였다는 것이 중요하다.

라이스는 오페라하우스의 설계가 발전단계에 있을 때 애럽사무소 런던 지사의 전산업무 부서에서 초급 구조엔지니어로 근무하면서 현업에 활용할 수 있고 그의 미래 실무에서 내내 고민하게 될 컴퓨터 프로그램과 소프트웨어를 개발하고 있었다. 그가 해결하려 했던 문제는 갈매기부리 형상 지붕의 3차원 곡면을 전산수학으로 표현하는 일이었다. 이 지붕은 이중곡면의 프리캐스트부재로 건설되었다. 쉘을 구면체의 일부분으로 할 것으로 방향을 잡으면서 설계는 급진전되었다. 구면체는 간단하고 규칙적인 형상이기 때문에 쉘의 외부면(타일 붙임면)을 정확히 정의할 수 있고 프리캐스트 생산공장에서 반복적으로 제작할 수 있다는 장점을 극대화하였다.

이러한 과정을 거쳐 고품질에 적합한 접합상세를 가진 구조부재로 제작하여 공사비의 최소화, 완전 방풍 및 방수, 원했던 외관을 구현할 수 있었다. 앞서 언급한 것처럼 다수의 개인과 여러 팀이 참여하였기에 어느 부분이 누구의 아이디어였다고 단정하기 어렵다. 그러나 라이스는 자신이 애럽사무소 전산해석팀 내 초급 엔지니어이기는 했어도 오페라하우스 프로젝트에서 매우 심각했던 '기하학적 형상 문제를 자신이 해결한' 매우 중요한 역할을 했다고 말했다. 분명한 것은 어려서부터 자신의 숫자사랑이라 했다. 이는 수치계산보다는 실제 상황에서 기술과 이론을 접목하는 것이었다. 그에게는 숫자에 숨어 있는 규칙성과 그 의미를 읽는 특별한 재주가 있었기에 그에 따른 성취감과 보상도 따랐다. 오페라하우스 프로젝트의 문제는 조직화되지 않은 복잡함에서 질서를 세우고 해법을 도출하는 잠재력을 찾았음에 있었다. 누구에게나 보이는 문제를 수학적으로 설명함에 있어서 문제 속에서 일정한 형식과 질서를 읽는 라이스만의 열정이었다. 그것이 그의 작품에서 혁신의 원천이 되었다. 라이스의 성격상 특징은 후에 혼돈이론에 대한 라이스의 별난 관심에도 나타난다. 쉘 설계의 발전과정을 보면, 피터 라이스가 프로젝트에 도입한 그만의 특이한 접근법과 문제해결 능력이 자신의 품질보증서가 되었음을 알 수 있다. 시드니 오페라하우스는 특수한 환경이 겹쳐서 피터 라이스에게 일찍 다가온 프로젝트에 잭 준즈(Jack Zunz)가 그를 시드니로 보내기로 한 결정은 라이스에게 최상의 결과가 되었다.

그는 현장 구조엔지니어로서 마무리 시공단계에서 현실적인 문제를 수학적으로 해석하여 효율적으로 처리하였다.

시드니 오페라하우스의 지붕은 2개의 메인 콘서트홀과 식당을 덮고 있다. 3차원의 갈매기부리 같은 강한 형상은 조화롭게 어울리는 압도적인 디자인 요소로서 도시 시드니와 동의어가 되었다. 메인 쉘, 측면 쉘, 그리고 루브르쉘은 지붕의 세 주요 부분이다. '루브르쉘(Louv shell)'은 그 명칭이 루브르의 교체한 벽에서 연유한다. 가장 큰 쉘의 높이는 바닥에서 크라운까지 54.6m, 폭은 57m이고 가장 작은 쉘의 폭은 22m이다. 가장 큰 쉘은 중심축을 기준으로 좌우대칭이고 하부 홀의 중심과 일치한다. 홀의 길이는 상부 쉘의 단부로부터 121m. 모든 쉘은 용마루에서 만나는 반쪽 리브 쉘이 거울에 비친 영상과 쌍을 이룬다. 쉘을 지나는 리브는 분할부재로 이루어져 있고 가장 긴 리브는 하부에서 크라운까지 12개의 기준형 분할부재를 조합한 것이다. 쉘 형상은 수년에 걸쳐 진화하였다.

라이스가 시공사인 코벳 고어의 일을 맡아 현장에 도착했을 때, 최종안이 어떠하며 단일 구면체에서 절취한 쉘의 기하학적 형상이 어떻게 조합되는지를 이미 파악하고 있었다. 그러한 그의 지식과 전산수학에 대한 남다름으로 인해 건축가의 거대한 꿈이 악몽으로 변할 위기를 극복하고 제대로 실현시킨 주역이 되었다.

존 너트는 쉘에 리브를 두기로 한 시점을 회상했다. 리브를 현장에서 가까운 지역에서 분할 제작하여 화물차로 현장으로 운반하였고 스프링 장치와 분할부재를 3차원 공간에서 바르게 방향을 잡아 놓는 것이 중요하였다. 작은 오차라도 생기면 정점에서 구조의 중심선으로 이어지는 곡선지지보에 리브를 맞댈 시점에서는 그 오차가 더 크게 확대되는 상황이었다. 방향 잡기는 매우 중요했다. 당시 현장에서는 재래식 기기와 기법으로 측량하고 있었다. 리브와 타일 형상을 해결하는데 고심하고 있었고, 리브 단면의 위치점 설정에도 대안이 없었다. 라이스는 도착하자마자 간단한 전산프로그램으로 데이터를 정리하고 당장에 측량할 수 있도록 위치점을 표시하고 다음 날 현장에 인계하였다. 당시 컴퓨터는 일반인에게는 막연하고 어렴풋이 짐작하는 전자상자일

유리 끼움의 접합상세 지지플랜지에서 연장된 연결철물로 유리를 고정

뿐이었지만 라이스에게는 머릿 속에서 떠다니는 혼란스런 숫자들을 질서있게 정리하는 유용한 도구였다.

콘크리트 쉘 지붕구조의 변경과정과 최종적인 해결방법에 문제가 여전히 있음을 대부분 지적하고 있었다. 라이스가 웃존의 위대한 작품에서 얻은 영감의 원천이 어디에 있는지에 대한 이해가 필요했다. 오페라하우스 단부의 외장 유리벽은 쉘 중심간 장스팬을 건너지르는 부재에 지지되도록 되어 있다. 유리 내면벽의 구조는 복합H형 보에 상당하는 거동을 하며, 보의 플랜지는 작은 튜브단면으로 얇은 강판으로 된 웨브에 용접되어 있어서 수직이지만 전체적으로는 홈파인 유리곡면을 형성하는 각도 내에서 돌출되어 있었다. 지지보의 춤은 휨응력 크기에 따라 단면이 변하여 중앙부에서는 깊은 단면으로 되어 있다. 변화 범위 내에 고정봉을 설치하였고, 웃존은 입구의 계단실과 연결 홀을 지나는 콘크리트보에도 신경을 썼다. 이 보의 단면은 유리벽을 지지하는 조합보처럼 위치마다 다른 기능에 맞추어 길이를 따라 가며 크기가 변한다. 휨모멘트가 최대인 위치에서 춤이 가장 깊고 - (여기에서 이름이 유래) - 캔틸레버의 단부쪽으로 가며 최소화한다. 단면형상도 점차적으로 바뀌어 보의 입면이 휨모멘트도와 같다. 마치 공중에 휨응력과 변위를 나타낸 구조의 교과서와도 같다.

이러한 점이 라이스가 설계한 그 어떤 큰 프로젝트보다 오페라하우스가 대단했음을 말해주고 있다. 거기에는 한 가지 이유가 있었다. 그 이유가 일련의 특별한 기술이지만 그가 그곳에 있었기에 요청받은 대부분을 이룬 것이었다. 오페라하우스를 보면 라이스가 웃존을 지극히 존경하였고, 그에게 감사하였음을 알 수 있다. 그렇다고 라이스가 오브 애럽을 '구조공학의 아버지'라고 하였어도 웃존을 '건축의 아버지'라고 했을 것이라고 확대 해석할 일은 아니다.

12. 보부르

- 조르주 퐁피두 센터 -

건물개요

조르주 퐁피두 센터(Center Georges Pompidou)는 1969년부터 1974년까지 프랑스 대통령을 지낸 조르주 퐁피두의 이름을 딴 것이며, 1971년에서 1977년에 걸쳐 건설한 복합문화시설이다. 파리 4구의 레 알과 르 마레지역 인근의 보부르지역에 있다. 이곳의 지명을 따서 현지인들은 이곳을 보부르(Beaubourg)라 부른다. 건축가는 렌조 피아노, 리처드 로저스, 장 프랑코 프란키니였으며, 정보도서관, 20세기의 중요 미술품을 소장한 국립근대미술관, 음향 · 음악연구소, 영화관, 극장, 강의홀, 서점, 레스토랑과 카페 등 많은 시설이 있다.

건물의 남쪽과 서쪽에 있는 광장에서 거리 예술가들이 자주 공연을 하기도 한다. 건물의 남쪽에는 장 팅겔리(Jean Tinguely)와 니키 드 생팔(Niki de Saint Phalle)의 작품들이 있는 스트라빈스키 분수가 있다. 동쪽으로는 파리 메트로 11호선의 랑부토역이 있다.

보부르에는 공공정보도서관(Bibliothèque publique d'information), 20세기의 중요 미술품들이 있는 국립근대미술관(Musée National d'Art Moderne), IRCAM(Institut de Recherche et Coordination Acoustique/Musique) 등의 음향 · 음악연구소가 있다.

건물의 역사

샤를 드골 정부의 문화부 장관 앙드레 말로는 파리의 인적이 뜸한 도쿄 궁전(Palais de Tokyo) 자리에 20세기의 예술을 전시하는 대표적인 박물관을 만들 의도가 있었다. 이 계획은 드골의 후임자인 조르주 퐁피두가 맡게 되었다. 퐁피두는 이 건물이 뉴욕에 버금가는 파리를 국제예술의 중심지로써 기능하기를 원했다. 새 건물이 세워지게 된 두 번째 배경은 낡은 파리국립도서관의 기능을 분산할 다급한 필요성이 었는데, 도시 중심에 거대한 정보도서관을 만들려 하였다. 1969년 12월 11일 구조적으로 새로운 도서관의 기능을 연결하기 위한 현대예술 박물관을 설립한다고 공식적으로 결정했다. 1970년 2월에는 두 프로젝트의 통합이 결정되어 건축설계경기가 있었고, 1971년 7월 15일 피아노와 로저스의 프로젝트가 설계심사위원회에서 당선되어 시공되었다. 이 건물은 1977년 12월 31일 퐁피두의 후임자인 발레리 지스카르 데스탱 대통령 때 문을 열었다.

건축

지지구조와 강관은 건물 바깥으로 눈에 띄게 배치되어 있다. 외관의 색채는 지지 구조 및 급기 강관은 흰색, 계단, 에스컬레이터는 붉은색, 전기용 배선은 노랑색, 수도관은 녹색, 공조시스템은 파랑색으로 나타냈다. 내부는 지지구조 없이 자유롭고 유연한 기능을 가진 거대한 공간으로 되어 있다. 입면의 유형과 구성은 처음부터 논쟁의 대상이었다. 많은 사람이 공장같다고 했고, 장소와 용도와는 맞지 않다고 했다. 보부르는 모더니즘과 포스트모더니즘 간 건축적 담론에서 처음으로 이탈한 건물로 평가된다. 현상설계에서는 층의 높이를 조정 가능하게 하고 거대한 입면 형태가 박물관과 도시의 접점이 되도록 의도했으나 예산 부족으로 실현되지는 못했다.

피터 라이스의 회고

라이스는 보부르에 대해 다음과 같이 회고했다. 나의 직업상 경력은 보부르에서 출발한다. 1968년 봄, 시드니에서 돌아와 런던의 애럽 사무소 구조3팀(경량구조)에 복귀했는데, 그 팀은 독일의 프라이 오토(Frei Otto)와 함께 특수케이블과 막구조가 혼합된 프로젝트를 전담하고 있었다. 당시 영국에서는 컨벤션 프로젝트를 진행하고 있었는데 보부르현상설계는 누구나 한 번쯤 시도할만 했다. 프랑스 정부가 현상설계를 주관했는데 접근방법이 데카르트적인 명쾌함이 있었다. 무엇인가 성사될 것 같았다. 구조3팀장은 테드 하폴드(Ted Hapold)였다. 프라이 오토는 건축가 리처드 로저스를 소개했다. 리처드와 협력관계에 있던 건축가 렌조 피아노도 합류했다. 현상설계는 조금 특별한 사건이었다. 리처드와 렌조는 명확한 아이디어가 있었다. 당시의 아키그램(Archigram), 세드릭 프라이스(Cedric Prize), 조안 리틀우드(Joan Littlewood), 그리고 1960년대의 낙천주의(Optimism) 영향을 받았다. 그

보부르의 정면 파사드

리처드 로저스와 렌조 피아조

래서 이들에게 아이디어의 근간은 하나의 신념이었다. 문화에는 엘리트의식이 가미되어서는 안 되고, 정보의 형태와 마찬가지로 모두에게 개방되어야 한다는 것이었다. 현상설계에 참여하는 것은 재미있는 일이지만 결과가 한순간에 결정되기 때문에 재미를 느낄 겨를이 없었다. 공개 경쟁인 경우는 더욱 그러하다. 지나친 숙고, 세밀함 또한 설계설명서에 심사위원의 견해에 논쟁적으로 반응해서는 안 된다. 심사위원은 여러 응모팀에게 부여된 짧은 시간 안에 설계 아이디어와 개념을 보기 때문이다. 1971년 7월 13일 승전보를 접한 날 나의 둘째 아들 네몬 라이스가 태어났다.

프랑스 정부의 건설팀과 애럽사무소의 설계팀이 조직되어 파리에 사무소를 두었다. 프랑스어를 못해서 소통에 어려움을 겪던 우리는 그 대신 웃는 법을 배웠다. 정보전달이 원활하지 못해 프랑스 관료들은 실망했고, 우리 영국인이 가정했던 사항이 얼마나 비현실적인지를 간접적으로 알려줬다. 설계가 진행되면서 44.8m의 장스팬이 문제였다.

최상층 바닥의 높이는 지상 28m(소방차 사다리 높이) 이하이어야 했다. 설계의 기본 개념을 흔드는 큰 문제였다. 또한 구조가 건물 전면에서 후면까지 연결되어야 했기 때문에 전후면에 두 곳의 통로가 필요했다. 그래서 전면 광장은 사람들의 이동, 후면은 공조 덕트, 배관 등 서비스시설을 배치해야 했다.

렌조 피아노와 피터 라이스

마침 나는 일본에서 장력 구조 세미나에 논문을 발표하고, 1970년 오사카박람회를 견학하며 건축가 겐조 단케(Kenzo Tange)와 구조엔지니어 쓰보이가 설계한 거대한 입체구조를 보고 여러 절점이 주강재임에 한 아이디어를 생각해냈다. 19세기의 대규모 건축물들이 인기 있었던 것은 그 대담함이나 자신감 때문만이 아니었다. 고딕건축은 참여자의 기교와 성향을 한껏 발산하고 주철재 장식과 주강재의 절점은 설계자와 제조자의 구조물을 통해 독특한 특성을 나타낸다. 따라서 보부르의 구조에 주강재를 활용하기로 했다.

일반적으로 강구조는 일반적으로 제강사의 표준단면인 H형강, 강관 또는 앵글로 구성되어 품질이 보장되는 반면에 시각적으로나 기하학적으로 특징이 없는 획일적인 것이 문제였다. 표준단면으로 건설한 강구조물은 특출나거나 개성이 없으므로 일반인, 설계자, 그리고 시공자 간에 교감이 없다. 그런데 구조물에 주강요소를 사용하면 그런 단점을 해소할 것처럼 보였고 그렇게 해야 하는 것이 사명 같았다. 그러나 프랑스 정부의 관계자나 경영자들의 생각은 사뭇 달랐다. 심지어 그들은 1971년대에도 주강재를 사용하는 것은 어리석은 일이며 기술자가 망상에 사로잡혀 있다고 했다. 구조엔지니어는 건축가나 다른 예술가들과 달리 남다른 분별력이 있어서 이성적으로 판단하려는 경향이 있다. 주강설계를 전혀 모르는 상태에서 이를 사용하기로 하여 셋으로 분리된 작업이 하나로 합쳐지게 되었다. 팀워크란 간혹 원만함으로 포장되고 중요한 제품의 신뢰와 동질성에 대해 불평이 있을 때 무마하려는 경향이 있다. 좋은 팀은 서로 다른 분야의 사람으로 구성되었더라도 프로젝트를 달성하기 위해 상호 간의 소통이 필요하다.

다른 사람이 모여 서로의 부족한 부분을 채워준다. 구조팀은 나를 뺀 애럽사무소의 건축가 1명과 엔지니어 3명으로 구성되었다. 건축가 로리 아보트는 내가 말로 설명하는 것을 구체화할 수 있었고, 르나르 그러트는 감독, 조니 스탠턴은 20대의 재주꾼, 앤드류 데카니는 보수적인 기술자였다. 내가 할 일은 애럽사무소의 숙련된 기술자들의 재능을 활용하는 것이었다. 구조해석에 존 블랑카르, 재료공학은 터얼로 오브라이언이 나를 도왔다. 구조 문제의 본질은 건축에서 필요한 순스팬 44.8m, 전후면 이동공간 6.0m를 합한 56.8m를 해결하는 것이었다. 구조는 이 세 구역을 모두 감싸야 했고 통로구역이 건물의 파사드 밖에 있으므로 내부공간이 주스팬이다. 따라서 파사드가 자연스런 장소성을 띄어야 했다.

르나르 그러트가 거버레트(Gerberette, 독일 엔지니어 하인리히 거버 이름을 따서 명명)안을 제시했다. 단순하고 세련된 이 방법으로 여러 갈등이 해소되었다. 그 다음은 기둥, 타이, 거버레트, 그리고 보였다.

탈형 직후의 거버레트

축방향 하중을 전달하는 강관기둥과 솔리드바 형상의 보 및 타이 등의 연결상세는 주조법을 택했으며, 거버레트 설계에만 수개월이 걸렸다. 그 물건-(piece)- 에 작용하는 하중 크기가 주조형태를 결정하는 주요 인자였다. 나는 그 물건이라는 용어를 쓸 때마다 내가 마치 예술가가 된 느낌이어서 그 용어를 좋아했다. 형상에 하중이 작용하는 인장타이의 종단에서는 세장하고, 하중과 휨모멘트가 최대가 되는 기둥 위에서는 춤이 크고 강하게, 그리고 보의 종단 지점에서는 다시 세장하게 된다. 형상 개발과 디자인상 상호작용은 복잡했다. 부재에서 재질과 응력은 주강이 지지할 하중 이상이어야 했다. 이 상황에서 구조공학이 절실했다. 세련되게 보일 수도 있고 그렇지 않을 수도 있다.

주강재는 19세기 중엽부터 주물공장에서 생산했는데, 제조법에 큰 변화는 없었다. 전통적 제조법에 대한 신뢰와 확실함을 담보할 현대적 시험방법이 필요했다. 이 시기에 핵반응장치에 대한 믿을만한 스틸커버의 필요성과 깊고 차가운 북해의 오일플랫폼 제조과정의 어려움을 해결하는 과정에서 파괴역학기술이 개발되었다. 파괴역학은 하중으로 변형된 금속의 거동, 내부의 흠집이나 균열에 어떻게 반응하는가를 예

거버레트의 양중

측하는 학문이다. 프랑스와 영국의 용접연구소와 함께 거버레트의 거동을 예측하고 주강재의 요건을 정리하였다. 거버레트의 형상을 신중하게 스케치하여 건축가가 수정한 것으로 최종 결정했으며 모든 요건을 반영하였다.

부품의 형상은 힘의 구조적 도식에서 출발했다. 윗면과 측면의 개구부 형상은 조립과정을 반영한 것이고, 커다란 구멍의 베어링이 보의 지점과 기둥에 적절히 작용하도록 거버레트가 기둥의 축에 놓이는 지점에 설치되면서 가시화되었다. 거버레트와 다른 부재와의 접합부는 기계가공에 의했다. 이는 앞으로 관리자가 그 부분을 조정할 경우에 대비한 것이었다. 주강재 디자인의 본질은 각 부품이 분리되어 있고, 부재가 별개의 지점에서 마디로 연결된 조립품이라는 것이다. 음악에서 음표가 음악의 질을 결정하듯, 두 강재구조는 부품 간의 간격이 규모를 결정한다.

설계안이 결정되자 제출도면 작성과 강구조를 결정하는 작업이 회의적인 분위기 속에서 진행되었다. 그것은 팀 중에 프랑스팀, 건축주, 그리고 프랑스용접연구소 〈소드르〉의 직원이 아닌 프랑스 산업계와 전문가들로부터 야기된 것이었다. 회의론자들은 설계자의 동기나 입장을 이해하지 못했다. 그들은 "무엇을 원하느냐? 그렇게 보이기를 원한다면 우리가 전통적인 방법으로 그렇게 보이게 할 터이니 우리에게 맡기세요!"라는 의미였다. 그 의미는 "당신들은 너무 어립니다. 세상은 그렇게 단순하지 않아요. 그러니까 어떻게 진행하는지를 잘 아는 사람에게 그냥 맡겨보세요!"였다. 그러나 우리는 이런 말을 어느 정도 무시하고, 상황을 모두 이해하면서도 웃으면서 일을 계속해나갔다. 다른 보, 원심력으로 주조된 기둥과 타이는 거버레트에 비해 비중이 크지 않았다. 거버레트는 우리가 의도했던 핵심적 대단함의 상징이었다. 입찰에 참여하고자 하는 여러 회사가 모두 한 데 모였고, 프로젝트는 정상적으로 진행되었다.

건축주와 프로젝트 에이전트의 대표는 냉정하고 침착하여 주변의 갖가지 비판에도 우리의 계획을 이해했고 설계 중단을 요구하지 않았다. 이 프로젝트의 원래 시나리오는 건축주가 현상설계를 주도하고, 당선자가 외국인인 경우 프로젝트를 효과적으로 관리할 프랑스 전문가들과 화합할 수 있어야 했다. 프랑스 정부는 보부르 프로젝트를 진행하면서 지치게 되어 향후 프랑스에서 있을 현상설계를 어떻게 관리할 것인지 확신하지 못했다. 프랑스 산업계의 회의론이 있었고 프랑스 전문가는 전후 프랑스에서 건설하는 중요 프로젝트에서 자신들이 제외되었다는 사실로 인해 모욕을 당했다고 생각하여 반대하였다. 그러나 건축주는 단호하게 계속 진행할 공간과 시간을 우리에게 주었다.

이러한 정황에서 외국인이 무엇을 하는가를 유추함은 흥미있는 일이었다. 당시 우리는 우리를 반대하는 불안함의 정도나 프로젝트에 대한 프랑스 사회에 퍼져 있던 우리에 대한 소문과 의혹을 제대로 인지하지 못했다. 만약, 영국에서였다면 이 모든 상황에 떠 밀려 우리의 열정을 접고 자신감이 떨어져 결국 우리에게 강요된 변화를 택하였을 것이다.

우리는 입찰기간에 소코텍과 감독관청의 검토 관계자에게 프로젝트를 설명하였으나 좋은 인상을 주지 못했다. 거의 모든 것이 잘못되었다. 권투시합에서 카운트 8에 일어나는 선수처럼 우리는 굳건해야 했다. 많은 논평을 파악하여 항목별로 구분 · 정리하려 했으나 내용이 너무 많았기에 그러한 노력의 결실은 신통치 못했다. 정부가 설계대로 건설할 의지가 없다고 내부적으로 결론을 내렸지만 관청 직원들은 비평의 저의를 알고 있었다. 그래도 우리는 포기하지 않고 문제점 하나하나에 집중하며 로버트 보르다의 도움으로 돌파구를 찾았다. 소코텍 중재는 매우 긍정적이었다. 최고 엔지니어인 M. 다우지는 안전을 담보할 주요 부재에 대한 재하실험을 할 것을 제안했다. 이는 현명한 제안이었다.

1974년 초에 첫 번째 거버레트 시험체가 재하시험에서 설계하중의 절반 밖에 도달하지 않았을 때 두 동강이 났다. 두 번째 시험체도 결과는 같았다. 연결부재도 같은 운명이었다. 무언가 잘못되어도 한참 잘못되어 있었다. 그때까지 제조한 거버레트는 45개였고, 보는 절반이었다. 그들 중 6개 조는 조립까지 완료된 상태였지만 시간은 촉박했다. 현상설계 조건은 5년 내 완공되어 입주가 되어야 했다. 이러한 상황에서 6년이 될 것으로 판단했다. 영국기준은 주강과 보에서 특수용접을 할 경우 재료의 품질에 대한 규정이 있다. 파괴역학에서 이 새로운 접근방법의 근거가 되는 대부분의 연구는 북해의 유전플랫폼 건설 시 야기되었던 문제이기에 우리는 당연히 영국기준을 적용한 것이다. 그래서 영국표준연구소는 이러한 상황에서 강재의 품질을 측정하는 방법을 명시하고 있었다. 그런데 이런 문제가 프랑스와 독일에서는 일어나지 않았다. 독일의 도급자는 독일기준이 프랑스기준보다 정밀하다고 확신해서 영국기준이 제시하는 요구사항의 특징을 살피거나 이해하려는 노력을 하지 않았고 독일기준에 따라 부품제작을 하였다. 사실상 독일기준은 우리가 만들려는 부품, 특히 거버레트의 특수단계에서는 상당한 차이가 있었다.

얇은 단면만을 다루는 기준에는 전혀 맞지 않았다. 두꺼운 단면의 거동은 얇은 것과는 판이하게 달랐다. 문제는 이미 제조한 부품을 최대한 빨리 보강하여 남은 부품을 가장 좋은 방법으로 제조하는 일이었다. 독일 제조사는 명료하지 않은 영국기준이 옳고 엄격하고 정밀한 독일기준(DIN)이 틀렸는지를 이해하려 하지 않았다. 다행히 기계가공 제품이 아니라면 이미 제작한 부품은 가열하면 사용이 가능하다는 쿠스마울 슈투트가르트 대학교수의 제안을 건축주, 설계자 및 시공사 모두 수용하여 건설에 박차를 가했다. 비록 3개월을 허비했으나 치명적인 재난은 피했다. 1974년 5월 프랑스 대통령 퐁피두가 사망하자 후임자 선출을 위한 공백 기간에 프로젝트는 조르주 퐁피두 센터로 이름이 바뀌었다. 파괴역학이라는 현대적 방법과 주강이라는 전문적 수공업을 결합하려는 우리의 시도는 실패할 운명이었으나 당시 독일 사람처럼 토의와 소통을 통해 얻은 결론을 관철하여 성공하였다. 물론 행운도 따랐다.

보부르 홍보 포스터

안드레 브라운의 평전에서

피아노와 로저스가 680명이 응모했던 보부르설계경기에서 당선될 당시에는 경험이 많지 않은 청년들이었다. 애럽사무소의 테드 하폴드는 설계경기 응모 시 상위 엔지니어였고, 피터 라이스는 원설계가 변경되고, 시공단계에 들어갈 무렵에 책임엔지니어가 되었다. 라이스는 그후 7년간 시드니 오페라하우스 프로젝트에 참여하였는데 3, 4년 만에 책임엔지니어가 된 것이다.

피터 라이스는 코넬대학에서 객원연구원으로 있으면서 시드니 오페라하우스 프로젝트의 교훈을 되새기고 연구과제로 그 건물의 일부를 재설계하였다. 설계과정에서 창조적 역할을 하려면 무엇이 가장 중요한가를 보부르에 참여하면서 보다 분명하게 할 수 있었다. 1960년 말부터 1970년 초까지 애럽사무소의 설계팀에서 10여 개의 주요 프로젝트에 참여하였으나, 자신의 팀 내 위치나 해당 프로젝트의 특성상 그의 적극적 사고 속에서 발휘해온 아이디어를 선택할 수 없었다. 그러나 보부르는 라이스의 방식을 실현할 적절한 프로젝트였다. 잡무에 얽매이지 않고 예술과 기술이 혼합된 상징적 프로젝트를 통하여 젊은 건축가들과 화합하였다. 라이스가 기다린 라이스를 위한 프로젝트였다. 그는 보부르가 '진짜 설계'라 했다. 자신도 마침내 설계자로 대우받는 현실을 실감했고, 그 프로젝트를 통하여 재료에 관한 관심을 실현할 길을 찾은 것이다. 이 프로젝트는 시드니 오페라하우스 이후 여러 해가 지났음에도 라이스가 시드니에서 얻은 교훈이 보부르에서 재해석되고 다시 채택되었음이 인정되었다. 이러한 면에서 시드니 오페라하우스의 1950년대식 프리캐스트 콘크리트 쉘, 보부르의 1970년대식 철강과 유리라는 고도의 기술이 한 프로젝트에서 공존함을 선뜻 동의하기 어려웠다.

라이스의 후기작품에서 오페라하우스가 영감과 아이디어의 원천이라고 한 것은 시드니가 보부르에 앞서 그가 참여한 프로젝트 중 일반에게 알려진 중요하고 유일한 프로젝트였기 때문이다. 시드니 이후 영국의 크루시블 테아트르 셰필드(Crucible Teatre Sheffield) 등의 프로젝트에서는 보조엔지니어로 일했다. 여기서 시드니에서 요른 웃존에 대해 잠시 짚고 가야 할 것이 있다. 라이스가 시드니 프로젝트를 하면서 자신의 어록을 추가했다면 구조와 건축설계 관련 어휘에서 어떤 요소였을까? 첫째는 상세와 스케일의 중요성이었다. 휴먼스케일을 유지한 각 요소 부위와 건물과의 상호작용에 관한 주의와 관심, 보이는 것에 대한 배려, 그리고 근접함에 따른 느낌을 시드니 프로젝트를 통해 얻었을 것이다. 라이스는 구조의 적절한 해법을 창안함에 있어 스케일이 열쇠라고 했다.

그는 휴먼스케일을 어떻게 다루어야 건물을 피부로 느끼고 위압감 없이 인간의 가치를 유지할 수 있는가에 의문을 가졌다. 결국 건물은 사람을 위한 것이어야 했다. 라이스가 휴머니티, 촉감, 그리고 스케일에 관한 것을 말할 때 그가 뜻하는 바를 느끼고 이해하는 구조엔지니어가 주변에 있기는 하다. 그러나 그 수는 아주 적다. 아마도 그러한 경향이 산업의 속성상 불가피하더라도 라이스는 수긍하지 않았을 것이다. 그는 구조엔지니어도 건축가처럼 건물 용도나 예산 제한과는 무관하게 건물 품질의 최적화에 자신의 역할을 다해야 한다고 했다. 그는 오브 애럽이 그랬던 것처럼 구조엔지니어는 자신이 맡은 업무가 산업계와 사회에 얼마나 큰 영향을 끼치는가를 알아야 한다고 했고, 행동 및 의사결정이 미치는 결과도 깊이 생각해야 한다고 했다. 초창기 보부르는 강구조였다.

문제는 어떤 건물이 강구조라면 산업계에 종사하는 대다수가 즉각 떠오르는 생각은 '그 건물이 어떻게 보이며, 어떻게 만들 것이냐?'이다. 라이스 자신의 자기방어체제 무기에는 그러한 인습에 도전하는 아이디어도 있었다. 요른 웃존은 시드니에서 단순보를 일반적인 직사각형이 아닌 기능에 더 잘 어울리는 '모멘트 보'라는 아이디어로 발전시켜 과거 인습에 도전했다. 라이스는 웃존의 주장을 경청하고 연구했다. 피아노와 로저스는 보부르를 통하여 미술관은 어떻게 되어야 한다는 인습적 사고에 도전하고 있었고, 라이스도 강구조건물이 무엇이고, 어떻게 보여야 한다는 인습에 도전할 기회가 된 것이다. 그는 이러한 인습에 도전함에 동조하는 한 토론회에서 신뢰와 영감을 줄 수 있는 역사적 선례를 인용하였다. 많은 도시, 특히 파리에는 전반적으로 괜찮은, 그리고 상세라는 측면에서도 성공한 철 및 강구조물이 있다. 파리 세느강변의 사마리텐 건물은 라이스가 높이 평가하는 건물이다.

이 건물들은 라이스가 '눈을 즐겁게 한다'고 표현한 고품질의 건축이었다. 19세기 파리국제박람회에서는 눈을 즐겁게 하며 구조적으로 개혁적인 철 및 강구조물의 사례들을 선보였다. 빅토리아 시대에는 구조엔지니어가 당대 구조공학에서 이룰 수 없는 여러 방법을 사용하였음을 주시했다. 구조설계법이 체계화되지 않은 당시의 상황에서 신재료인 주강과 선철을 사용하였는데, 현실적으로 발명 및 개혁에 의할 수밖에 없었다. 원칙에 따른 작업에서 자신들의 판단을 믿었다. 그 판단은 자연과 재료의 품질에 대한 정확한 이해가 있었기에 가능하였다. 라이스는 철강재와 유리를 사용한 이 시대의 생산품을 높이 평가하였으나 이는 사람의 손으로 가공하고 다듬어서 만든 품질 좋은 생산품에 한하였다. 라이스는 파리의 그랑 팔레에도 후한 점수를 주었는데, 그 건물이 우리의 잘못으로 무엇을 잃었는지를 분명히 설명하고 있기 때문이라고 했다.

그는 "그 이후 철강과 유리는 물론 그런 구조물이 어떻게 거동하는가에 대해 많은 것을 알게 되었다. 그런데 지금은 모두 어디로 갔는가? 산업화에 질식되었는가? 그래도 표준화작업에 대한 열망에 나도 공감한다."고 했다. 구조재의 촉감적 성능에 대해 살펴보자. 보부르에는 그가 적용하려 심혈을 기울인 무엇이 있었다. 건물의 품질을 유지하는 수단으로 건축산업의 기능적 요소를 살릴 수 있는 잠재력을 본 것이다. 피아노는 배를 직접 건조하는 열성적 항해사였다. 명예를 중시하며 항해에 적합한 최적의 기술장비에 매료되었다. 그는 정기적으로 목각 모형을 직접 만들어 만져보는 느낌을 즐겼다. 수제품, 재료시험의 중요성에 대한 그의 특이한 감각은 라이스만큼이나 예민하였다.

보부르 및 유사 프로젝트를 살펴보면, 피아노는 "나는 나의 작품에 내재한 창조예술과 연결된 영구적 끈에 신뢰를 유지하며 성숙했다."라고 하였다. 만일, 피터 라이스가 이 말을 하였다면 그에게도 들어맞는 말이었을 것이다. 1970년 라이스는 보부르 설계경기에 당선되었다는 소식을 듣자 바로 일본 오사카세계박람회장을 찾았다. 잔존하던 전시 건물에서 주강제품을 보고 이 재료를 보부르의 주역으로 하였다. 여기서 그는 하나의 원칙을 세웠는데, 그 원칙은 라이스의 여타 프로젝트처럼 신재료 사용, 기성 재료의 새로운 용도 개발이었다. 이처럼 기존에 도전하고, 수공예로 하여 우아함을 더하여 특출한 건물이 되게 함이 라이스의 전략이었다. 보부르의 구조는 각 개별 부재를 수공예적 처리와 개혁, 이 두 요소가 건물의 완성도를 결정하였다. 구성요소를 세분하여 스케일을 깨는 것은 또 다른 것이다. 테드 하폴드팀이 제안한 구조는 중앙에 기둥이 없는 넓은 내부공간을 위해 주스팬 48m의 1방향 메인트러스와 보행구역 외곽 6m의 단스팬 트러스 시스템이었으나, 라이스의 당초 의도와는 거리가 있었다.

보행구역 양측에 장주의 주랑을 볼 수 있게 하는 것이 중요하여 정면의 파사드 전면이 투시되도록 하였다. 그 건물이 문화 창작의 공장이기에 그러했다. 그렇게 하려면 당선안의 구조변경이 불가피하였다. 애럽사무소의 기술제안서대로 한다면 외부에 면한 기둥이 계산한 것보다 훨씬 커서 투시되는 파사드로 처리하기에 문제가 있었다. 기둥이 감옥 창살처럼 보일 위험성마저 있었기에 변경이 불가피했다. 내 · 외부의 기둥열을 연결하는 외부 트러스형 짧은보를 거버레트로 바꾸어 문제를 해결하였다. 이는 내부 기둥열에서 힌지형 지지가 되어 시소와 같은 거동을 한다. 주된 시소의 짧은 한 끝을 누르면 외부의 긴 다른 끝을 들어올리는 듯하여 결과적으로 트러스보를 위로 오르지 않게 잡고 있는 외부기둥을 대신해서 상향 회전력에 저항함으로써 거버레트의 끝이 아래로 내려가지 않게 잡고 있다.

기둥이 압축이 아닌 인장재가 되므로 큰 단면의 강관이 아닌 작은 강봉과 케이블로 처리하여 시각적 장애를 최소화하고 외부에 면한 파사드를 투명하게 하였다. 피아노와 로저스의 안은 레나드가에 접한 위치에 건물 매스를 집중 배치하였고 건물 정면에서 서측으로 경사진 광장을 두었다. 6개 층 건물의 전후면 기둥에 스팬 48m, 높이 3m의 트러스를 두었다. 이 트러스는 내부 기둥열을 따라 거버레트의 내면을 건너지른다. 이 거버레트는 기둥으로 편측 지지되고 단부에서 연결된 인장롯드는 같은 기둥에 지지된 최상층부터 하부 전층의 모든 거버레트를 묶어 지중의 기초에 정착한다. 라이스가 이 거버레트를 창안한 장본인으로 주목을 받았지만 그 아이디어가 자신의 것이 아니고 설계회의에서 의논하여 독일 엔지니어 르나르 그러트가 선택하였으므로 그에게 공이 돌아가야 한다고 했다.

거버레트의 전체 형상은 실제로 라이스가 제안한 것이 아니었다. 라이스는 이를 재능 있는 젊은 디자이너인 엔지니어 조니 스탠턴의 공으로 돌렸다. 피터 라이스는 젊은 엔지니어나 협력자에게 공을 돌리는 일이 흔했다. 아이디어가 훌륭하다면 출처는 문제되지 않았다. 가치는 존중되어야 하고 널리 알려져야 한다고 했다. 주강제품은 다른 산업에서와 달리 건물에서는 잘 쓰이지 않았으나, 이를 거버레트 제작에 적용하도록 결정했음이 라이스의 공이다. 라이스는 거버레트를 구조요소나 구조부재 대신 '물건(pieces)'이라 불렀다. 그 '물건' 덕에 자신이 예술가처럼 느껴졌다고 말하려는 것이었다.

그것은 그 건물이 이미 '산업적으로 표준화한 용어가 아님'을 뜻했다. 그 용어는 산업화나 반복이 아닌 수공업적인 것, 그리고 유의해야 할 관심이다. 따라서 보부르의 외부면을 가볍게 한 거버레트는 라이스의 아이디어가 아니었지만 주강으로 제작하게 한 것은 그였다. 주강은 곧바로 공학적인 문제로 부상되었는데, 그것은 현대건축의 구조에서 주강재를 중요 하중의 지지부재로 쓰지 않았다는 것이다. 손쉽게 적용할 명확한 실무지침서는 당연히 없었다. 어떤 학술단체나 기술단체도 그 상황에서 쉽게 답변하기를 주저했을 것이다. 그러나 이 상황은 라이스에게 구속이 아닌 자유를 준 것이었다. '개인적 설계철학에 전적으로 자유를 준' 기회가 되었다. 주강재는 결함이 있는 재료이다. 이 결함은 파괴로 이어진다. 그러하기에 보부르에서의 도전은 프랑스 건축허가 당국을 만족하게 하려면 거버레트가 설계상 문제 없음을 증명할 방법을 찾아야 하는 것이었다. 구조부재의 안전을 담보할 복잡한 수학적 해석도 필요했고, 당시 구조공학 외 다른 산업 분야에서 사용하던 압력용기, 비행기 골조 설계에서 활용하는 파괴공학의 기술을 도입했다. 거버레트의 매력에 대해서 피아노는 제작자의 수공업적 성능과 외양에서, 로저스는 구조요소의 명쾌함과 맞물린 외부 파사드의 경량화의 결합에서 찾았다. 그러나 라이스에게는 전산수학에 의한 새로운 해석기법을 응용한 것이 혁신이었다. 주강은 새로운 것이 아니었지만 이러한 해석기법을 응용한 것은 진정 새로운 것이었다. 거버레트를 사용한 결과, 파사드가 경량화되었고 이를 통해 밖을 투명하게 볼 수

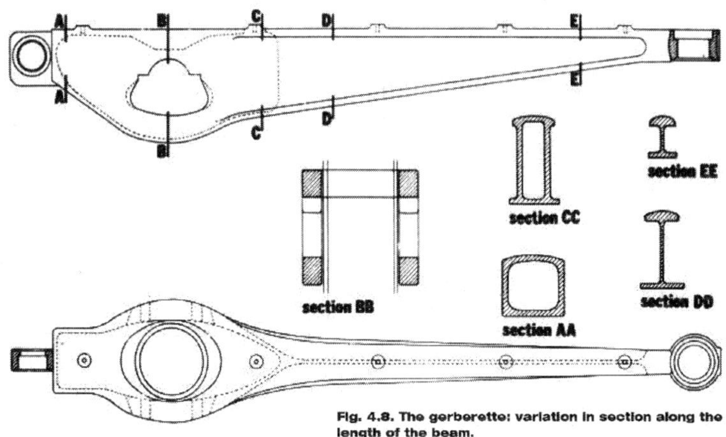

Fig. 4.8. The gerberette: variation in section along the length of the beam.

거버레트 단면의 변화

있게 되었다. 라이스에게 동시에 중요한 것은 거버레트가 기둥 위에 얹힌 그 부위에서의 지압력이 상대적으로 작았던 점이다.

그 절점이 시각적으로 강력하게 보이는 위치에 있었기에 그 건물을 보고 이해함에 스케일로서의 주된 역할을 하고 있다. 결과적으로 건물이 전체적으로 크기가 육중해도 실제로는 휴먼스케일로 인식된다. 라이스는 준공 직후 보부르를 방문한 어느 프랑스 여성이 거버레트의 질감이 좋다고 한 말에 크게 기뻐했다. 주강이기 때문에 거버레트는 라이스가 어떤 건물이건 부여하려 했던 수공업적인 고급 품질을 갖추게 된 것이다. 주강으로 제작하여 손으로 끝손질하고 특이한 질감을 유지하며, 일반적인 형강부재와 같이 기계적으로 처리한 매끄러운 면과는 달리 잔물결이 표면으로 처리되었다. 그 외에도 거버레트는 전장에 걸쳐 단면이 변화하는데, 이는 형강만으로는 불가능한 일이었다. 요른 웃존이 시드니에서 적용한 모멘트보처럼 보부르에서 라이스는 거버레트로 하중전이를 표현하는 방식을 택하였다.

인장롯드의 단부(section EE)에서 휨모멘트가 비교적 작기 때문에 부재단면이 최소한의 춤까지 작아지고 지점에 가까울수록 (section DD) 휨모멘트가 커지므로 I형 단면은 춤이 커진 변단면이다. 이에 비해 트러스(section BB 및 section AA) 단부는 기둥에서 핀지지되고 전단력이 매우 크므로 웨브는 H형 단면이다. 부재 단면을 잘 다듬어 적절한 형상으로 만든 것이 잠재적 능력이고 주강재이기에 가능하였다. 만약, 다른 대안으로 여러 단면을 용접 · 접합하였다면 신통치 못한 해결책이 되었을 것이고, 거버레트도 단순한 피스로 보여 모양도 훨씬 못하였을 것이다. 이러한 점에서 거버레트는 보부르의 특징으로 기술적으로 보편적인 피스만이 아님을 잊기 쉽다. 기둥은 강판을 말아서 용접한 강관기둥과 달리 몰텐강(morten)은 원심력을 이용한 실린더형

각 부재의 접합

주강재이다. 원심력 주강은 밀링과 다르다. 라이스는 보부르를 각층에서 서로 달리 읽히는 책과 유사하다고 했다. 1층에서는 전체적인 구조시스템을 구성하는 기둥, 보 및 절점 등이 한눈에 보인다. 다음에는 인장(세장요소)과 압축시스템(대구경 강관)과의 구별이 확연하다. 마지막으로 각 구조요소가 모여 한 무리처럼 보이는 접합부: 거버레트를 지지하는 핀을 끼운 계란형 구멍, 거버레트의 단부에서 인장롯드를 잡는 팽창 부위도 이러한 무리에 속한다.

거버레트는 기둥과 핀으로 연결되어 지지되지만 직접 닿지 않는다. 기둥과 거버레트 사이에는 의도적인 공간이 있다. 이는 마치 책에서 어떤 장을 바꾸거나 문장의 말미에 줄바꿈을 할 경우 두는 빈 페이지와 같다. 그러나 보부르가 항상 순조로웠던 것은 아니었다. 시드니에서 정치적 상황으로 아슬아슬하였듯 보부르에서도 초기에 거버레트 제작 때가 그랬다. 두 경우가 피터 라이스의 특징을 살필 중요한 관점이므로 주의해서 볼 가치가 있다. 그의 이후 작품에서 확인된 품질로 구현된 다른 관점도 있다. 첫째, 분명한 것은 어떤 프로젝트의 엔지니어에 자기 명의만 올라간 경우에도 모든 명예를 혼자 독차지하지 않았고 함께 일한 여러 엔지니어를 앞세웠다.

이를테면 르나르 그러트, 조니 스탠턴, 앤드류 데카니 등을 여러 엔지니어가 해야 할 바를 단 한 명의 엔지니어가 감당하는 'an engineer as engineers ought to be' 교육을 하는 전통 있는 학교 출신의 구조엔지니어라고 칭송하였다. 그러나 구조에 지원해온 애럽팀의 중요성도 동등하게 감사하였다. 그는 함께 일했던 상사인 테드 하폴드와 포블 암, 시드니에서의 잭 준즈 등에 대해서도 "팀을 위해 일할 공간을 창조한 분들"이라고 칭송하였다. 동시에 우스꽝스럽고 거친 건물로 보인다는 입장을 견지한 정치인과 언론인에게 비판과 의혹을 받던 발주자 로버트 보르다를 높이 평가했다. 정치적 논쟁은 강구조물공사의 입찰에 영향을 미쳤다.

프랑스의 여러 회사가 공모하여 당초의 예산보다 50%를 초과하는 가격을 제시했으나 귀신같이 예산에 맞춘 합리적인 대안에 구조해결책을 첨부하여 제시하였다. 그러나 일본 철강은 예정가의 절반가로 입찰하여 건설계획을 혼란스럽게 하였고, 독일의 크루프도 비슷한 가격을 썼으나 결국 크루프와 계약하였다. 거버레트와 보의 첫 재하실험에서 설계하중의 1/2에서 파괴되었고 계약상 공정지연의 사유는 없었으며, 자신들의 주장을 확인해 준 첫 사고에 접하자 이를 기다린 듯 반대측 진영은 비판으로 들끓었다. 경험 많은 구조엔지니어와 건축가에게는 당혹스런 일이었다. 보부르에서 일하던 젊은 팀에게도 큰 부담이 되었다. 그러나 그때 라이스는 자신의 능력과 구조공학의 경쟁력에 자신감을 보일 때임을 느꼈다. 문제는 분명히 그 잘못된 계약공정의 연

거버레트, 수평부재 및 기둥의 접합

장선상에 있었다. 독일 제작사가 시방서의 해석에서 설계기준을 잘못 적용한 것임이 밝혀졌다. 거버레트는 영국이 연구하여 북해유전의 설계에 적용한 파괴역학의 신기술을 바탕으로 한 것이었다. 그러하기에 영국의 설계기준을 택하기로 하였다.

그 독일 제작사는 영국기준과 동등하거나 더 높다고 믿은 독일설계 기준을 사용하였다. 크루프 제작사에서 문제를 확인한 다음, 이미 주조된 부재는 보강을 위해 재가열하여 비축하였고, 신규 부재는 올바른 시방서를 따라 제작하였다. 새로운 구조이론과 그것을 응용하는 능력에 대한 라이스의 자신감이 증명된 것이다. 또 다른 불안은 준공을 앞둔 1974년 5월, 발주자인 퐁피두 대통령이 타계하였을 때 일어났다.

보부르를 퐁피두 센터라고 재확인하였으나 신임 대통령 발레리 지스카르 데스텡이 그 프로젝트를 정치적으로 격렬히 반대했다는 사실이었다. 신임대통령은 상부 2개 층을 없앨 것을 명했다. 라이스는 이 상황의 수습을 위해 휴가 중에 불려왔다. 그에게는 무대에 나가서 불가능함을 지침으로 내린 회의론자를 위한 시간은 없었다. 오히려 라이스는 "이 프로젝트는 이미 많이 진척되었다. 만약 여러분이 2개 층을 제거한다면 이 건물은 붕괴될 것이다."라는 말로 모든 것을 정리하였다. 그는 배움을 원하는 젊은 구조엔지니어와 건축가에게 많은 시간을 할애할 수 있어도 옹졸한 회의론자들에게 그럴 수는 없었다.

그후 라이스는 보부르의 구조요소 및 시스템 배열 등의 아이디어를 라 빌레트에서 활용하였다. 라 빌레트는 외장재의 투시성 확보라는 설계의 기본방침에 따라 경쾌한 배치로 생태기후학적 파사드가 되었다. 개방적인 젊은 건축가와 함께 일할 수 있었고 신자재에 대한 열정으로 자신의 의지대로 친환경을 조성할 수 있는 기회였다. 라이스는 보부르 이후, 건물설계에서 영국식 정의의 한계에서 벗어나기 위해 노력했다. 렌조 피아노도 라이스처럼 다른 방식으로 일함에 몰두하였다. 두 사람은 이와 같이 새로운 방식으로 일할 수 있는 아틀리에 피아노 · 라이스 같은 실무위주 회사를 설립하기로 하였다. 라이스는 이 파트너십을 실험하는 동안 애럽사무소에 남아서 실험적 파트너십에 대한 회사의 우려를 불식하였다. 그후 라이스(R)는 마틴 프랜시스(F), 이안 리치(R)와 함께 성공적으로 RFR을 설립하게 된다. 피터 라이스의 실험적 파트너십은 새로운 형태의 협업을 시도하고 건축설계와 구조설계를 함께 끌고 가는 방식에 일정한 역할을 하였다.

시드니 오페라하우스에서 혁신과 발명의 씨앗을 심었다면 보부르에서 그 씨앗이 발아한 것이다. 이때부터 라이스는 구조설계의 혁신을 모색하고 용기를 북돋아 줄 설계팀 구성에 있어 기발한 방법을 찾는데 많은 시간을 쏟는다.

13. 라 빌레트의 레 세레

라 빌레트 공원 ‖ Parc de la Villette ‖

1970년대 후반에 시작된 미래형 도시와 연관지어 프랑스 대통령이 주관한 파리 7대 건축 중 하나이다. 현대 도시공원의 새로운 모델을 제시하고 있어 건축적 · 조경적 의의가 높다.

공원배치 조감도

설계 개념(Design Concept)

1. 오락의 공간을 마련하여 미래형 복합도시공원의 형태를 나타냄.
2. 복합공원이라는 특성을 강조하며 동시에 새로운 개념의 건축형태를 도입하여 유아부터 노년까지 모든 연령층이 이용할 수 있는 디자인에 초점을 둠.
3. 다양한 재료를 이용해 젊은이들에게 다양한 생각을 할 수 있게 건물을 표현함.

4. 프랑스 시민들에게 자긍심과 만족감을, 아이들에게는 다양한 프로그램을 제공함.

5. 점 · 선 · 면이라는 기법을 적용한 새로운 디자인 기법임.

1984~1987년 파리 북측변의 작고 평범한 장터였다. 도축장이 있던 작은 상업지역에 '과학산업도시(City of Science and Industry)'가 건설되었다. 공원 남측변에 배치한 현대 기술박물관이 본관이다. 파르크 주변의 여러 건물은 건물마다 다른 방식으로 '예술과 기술의 만남'

라 빌레트 공원 내 기술박물관 외관

라 빌레트 공원

의 목적이 있다. 1800년대 후반 파리박람회와 동급인 근대기계전시회가 있었다. 파리박람회는 최신 아이디어와 재료가 인상적인 새로운 구조형태에 어떤 한계까지 밀고 나갈 수 있는가를 보였다는 데 의미가 있었다. 새로운 철, 강, 그리고 유리 예술과 그 우아함을 형상화할 수 있었다. 박람회는 경쟁적으로 열렸고 같은 시기에 런던박람회도 보는 사람들의 관점에 따라 그랬다.

본관인 기술박물관은 물론 파르크 주변의 여러 건물에 예술과 현재 기술의 아이디어를 나란히 배치하여 다양한 접근 기회를 마련하였다. 라이스는 라 빌레트 외 다른 프로젝트에 참여하며: 건물의 예술과 기술에서 명성을 얻은 엔지니어가 되었다. 예술적으로 시현할 때 기술이 도움이 안 된다면 그 기술은 아직 미흡해서 그러한 것이다. 라이스가 참여한 라 빌레트의 여러 프로젝트가 지금 비교되고 있다. 그는 다른 건축가와 다른 방식으로 일했다. 구조해석을 편하게 하려고 건축아이디어를 적당히 변형하도록 함은 그의 목표가 아니었다. 기술 자체에 가치와 콘텐츠를 부가함에 있는 사실대로, 그리고 건축아이디어를 확신하도록 하였다. 박물관의 생태기후학적 파사드가 건축가 아드리앙 팽실베르와 외길로 이루어졌다. 조각과 같은 긴 보행로는 베르나르 츄미(Bernard Tschumi)와 함께 다른 접근방식으로 완성할 수 있었다. 그것은 변하지 않는 건축적 아이디어를 실현시키려는 내재된 철학이 있었기 때문이다. 확실하게 하려는 그것, 경쟁력과 자신감이 그렇게 만든다.

생태기후학적 파사드 : 레 세레

생태기후학적 파사드(bioclimatic façade)는 아드리앙 팽실베르(Adrian Fainsilber)가 기술박물관의 전면을 파르크 내부를 투시할 수 있도록 처리하여 설계의 진수를 볼 수 있게 한 용어이다. 내부 기술과 외부 파르크와의 접점이었다. 일정한 시차를 두어 수분을 자동분무하

멀리온과 트랜싯 수평트러스

여 적도지역의 식물을 재배하는 유리상자 파르크로 보행도로를 끌어들인다. 실용면에서 분무된 안개는 유리상자에 잔잔하고 마술적 분위기를 조성한다.

사실, '상자(box)'란 단어로는 그 구조물을 제대로 설명할 수 없고 팽실베르와 라이스의 파트너십이 이루어놓은 진수를 설명할 수도 없다. 온실이라는 단어로 구조물을 묘사할 수는 있어도 프랑스어 '세레(Serres)'가 보다 적절한 표현이다. 온실이 '차와 핫케이크'라면 세레는 '적포도주와 바게트빵'이다.

현장에는 3개의 세레가 있는데, 입면상 30m×30m, 깊이 8m의 상자를 강구조의 기술박물관과 마주보게 했다. 박물관의 파사드를 서로 마주보게 해서 건물의 기술적 품질을 가름하는 역할을 한다. 그렇기 때문에 그 기술을 보다 분명하게 하기 위해 레 세레를 투시적으로 처리했다. 구조물을 내 · 외부 공간의 접점으로 또는 전이구간으로 구상할 때 그 품질은 중요하다. 표현기술이 고상하고 세련미가 있어야 함은 더 말할 것도 없다. 피터 라이스는 구조물을 구분 · 정리함에 있어 서로 다른 겹으로 보이게, 그리고 다른 레벨로 읽히게 하여 가능하다면 함께 하게 한다.

여기서의 요체는 기술이라는 끈으로 엮어 현장에 배치한 유리구조이다. 초기 IBM순회전시관에서는 폴리카보네이트를 구조재로 사용하여 건물에 투시성을 부여하였다. 흥미있는 시도였으나 그렇게 하기에는 상세 및 시스템의 개발기간이 너무 짧았다. 그것이 라 빌레트에서 유리와 강재에 문제가 있었다는 것은 아니다. 레 세레에서 개발된 유리와 지지 인장구조는 그 이후의 남은 인생에서 다른 프로젝트에서의 다양화를 통한 정밀성, 다변화 및 개량이 되었다.

구조용 유리는 RFR의 설립에 중요한 역할을 하였다. 건물 윌리스 파버 두마스는 마틴 프랜시스가 곡면유리 파사드에서 구조용 돌출형 유리핀의 지지를 사용하여 그룹이 최초로 협동한 기반이 되었다. 두마스에서는 하중전달재로서 유리를 개발한 흥미로운 시도가 있었으나 라 빌레트에서 새로운 것에 도전할 시점이었다. 유리는 깨지기 쉬운 재료이다. 유리는 급속히 파쇄나 파열되므로 IBM순회전시관에서 사용한 폴리카보네이트와 같은 강하고 질긴 성능과는 다르다. 두 재료의 성능은 극단적으로 다르다. 레 세레에서의 건축적 아이디어를 가능하게 한 관건은 최소한의 방법으로 유리를 지지했다는 것이다. 두마스에서는 유리 외부면에 직각방향의 돌출유리핀은 슬래브 상단에 이르는 (또는 슬래브 하단에 이르는) 수직 캔틸레버 같은 거동을 한다. 강판 조각을 끼워 볼트로 접합하였다. 이 피스는 작지만 외부에서 보면 구조요소이다. 레 세레에서는 접합부를 최대한 투명하게 하려는 건축 의도에 따라 하중을 지지하는 유리의 특수성능을 고려하였다. 유리는 폴리카보네이트와 달리 온도환경에 효과적이고 안정적이다. 그러나 유리의 깨짐현상은 설계상 대안이 필요하다. 갑작스런 충격과 하중의 급격한 변화를 피해야 한다.

두마스는 지지점 근처에서 유리에 가해지는 하중을 적절한 면적으로 분산하는 강판피스로 하중의 집중을 피했다. 응력이 집중되면 균열이 생기고 깨짐이 확산된다. 이러한 현상은 지지재로 쓰이는 유리의 치명적 약점이다. 그러나 강판피스도 지지에 문제가 있다. 만약, 하중분산을 위해 강판 대신 최소한의 개소에서 유리를 지압지지로 처리할 경우 가능하면 유리와 접하는 면적이 충분해야 했는데, 이를 원구형 베어링으로 해결하였다. 원구는 넓은 면적을 확보할 수 있고 지지점에서 어느 정도의 변위와 회전을 가능하게 하여 응력의 급작스런 증가를 막는다.

유리판은 2m×2m의 크기로 16매이다. 유리판은 작은 균열이 확산되어 전면 파괴로 이어질 수 있다. 라이스는 스프링 위에 주패널을 얹는 조치를 취했다. 스프링 시스템은 한 패널이 파괴되어도 이웃 패널로 충격이 전이되지 않으므로 연쇄파괴를 일으키지 않는다. 라이스의 현명함이 입증되었다. 구조물의 생애에서 한 패널이 조기에 파괴되어도 그 파손은 제한적이다. 구조는 지지기둥과 경량 프리스트레스트 강케이블 및 스트럿 트러스로 구성하고 있다. 프리스트레싱은 트러스를 경량화한다. 주응력이 인장이므로 여러 부재가 케이블이고, 그 케이블을 프리스트레싱하여 단면이 큰 강성부재에 압축력을 촉발한다. 벽체를 지지하는 프리스트레스트 트러스는 수평축에 놓이는데, 풍하

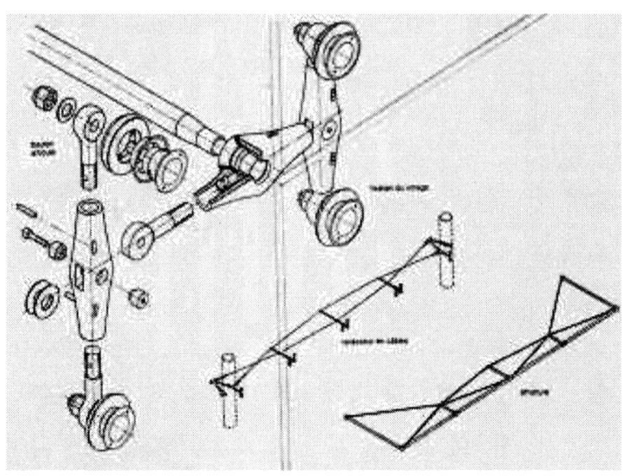

인장트러스의 접합부

중이 변화하므로 면에 작용하는 풍압도 양압에서 음압으로(또는 그 반대로) 시시각각 변한다.

극한하중에서 케이블의 인장력은 프리텐션을 충분히 감당한다. 케이블은 압축력을 받지 못하므로 구조물 형상은 급격히 변화하여 구조해석에 혼선이 생길 수 있다. 선형해석을 하였으나 단순 선형거동을 가정하는 컴퓨터 프로그램에서는 세장부재가 압축력을 받을 수 없으므로 그러한 조건은 사라진다. 실무적으로 이러한 반전 시점에서 동일 절점에 모이는 다른 방향의 부재는 곧바로 뛰좌굴거동을 하여 구조물은 하중을 받는 새로운 형상으로 변형된다. 해당 부재는 구조계산 과정에서 순간적으로 사라지고 전산해석은 혼란스런 상황이 된다. 파리시 건축담당자는 이 점을 우려하였다. 프리스트레스트 인장구조가 제 기능을 발휘할 것인가에 대하여 많은 토론 끝에 결국 승리했다. 보부르에서 라이스는 반박할 수 없는 논리로 무장하여 현행기준과 규정을 무조건 따라야 한다는 의견으로 파도와 같은 여론을 잠재우고 만족스런 결과를 얻었다. 경량과 투시성은 달성하였으나 기술이 뒷 무대로 완전히 사라진 것은 아니다. 유리, 연결철물, 인장트러스, 앵커 및 기둥 등이 육안으로 보이며, 모든 것이 확실히 정리되었다.

인장트러스는 유리판 후면에서 일정 거리를 유지하고 있으며 유리 접합철물은 가벼워보여 마치 유리에 닿지 않는 것처럼 보인다. 이로써 인장구조의 가벼움이 투명감을 촉진하여 팽실베르가 바라던 바를 달성한 셈이다. 결과적으로 구조는 가벼워졌고 대체로 수명이 길지 않다. 내 · 외공간의 경계는 감성적으로, 그리고 경쾌하게 구분되었다. 이러한 품질이야말로 팽실베르가 자신의 설계에서 보이고자 했던 생태기후학적 파사드이다. 라이스는 중요한 프로젝트마다 건축가가 자신이 의도한 바를 직시할 수 있는 물리적 해법을 제시할 수 있었기에 건축가 - 구조엔지니어의 협동이라는 측면에서 힘있고 중요한 동맹군이 된 것이다.

우리는 여기서 개발을 통하여 층을 구성하는 아이디어임을 알 수 있다. 이후, 루브르박물관의 역피라미드, 샤를 드골 파리역사, 룩셈부르그박물관 등의 프로젝트에서 보다 발전되고 세련미를 더했다. 이러한 것이 라이스에게 매력 있게 다가온 아이디어이다. 그에게 층의 구성과 정렬은 건축의 질적 수준을 명료하게 하는 데 도움이 되었다. 또한, 그에게는 한 요소가 상부에 놓이거나 통과하는 조잡함이, 다른 말로 하나의 부재라도 부조화를 이루면 전체가 단순한 자연습지처럼 되어 모든 구성요소에 대한 빈곤함을 나타낸다고 했다.

14. 바리 축구경기장

이탈리아의 바리 축구경기장 ‖ Bari stadium ‖

전체가 하나의 형태로 보이기도 하고 각 요소가 따로따로 보일 수 있는 구조로 모든 높이에서 관망할 수 있다. 조명등이 상부층의 아래 부분과 꽃잎 위를 비추어 저녁의 경관이 장관이다. 경기장은 사람의 이목을 끌고 성당이 주는 성스러운 경외감까지 준다.

바리 축구경기장, 외관

바리 축구경기장, 내경

피터 라이스는 구조와 건축 외에 열정적으로 심취한 분야가 다양했다. 사진, 극장, 음식, 그리고 예술 등 여러 방면에서 즐거움을 찾았다. 스포츠 마니아로 승마나 축구에도 각별했다. 스포츠 중에서도 냉정하고 사전에 예측의 정확성이 높다는 미식축구보다는 고도의 예술성을 갖춘 이탈리아식 축구를 더 좋아했다. 명성이 높아짐에 따라 라이스는 운동에 대한 열정으로 그가 참여한 설계안에 대하여 유리한 위치를 차지할 수 있었다.

그는 엡섬 경마장 스탠드 신축설계를 리처드 호던과의 협력하에 참여하게 되었다. 그러나 실상 그가 좋아했던 프로젝트는 이탈리아 남부의 바리 축구경기장이었다. 축구팀 바리FC의 홈경기장으로써 홈경기가 대부분이었지만 이 경기장은 다용도의 공공시설이어서 더 매력이 있었다. 프로젝트는 렌조 피아노의 제노아 사무소의 건축가 오타비오 디 블라시의 책임하에 진행되었다. 피아노와 라이스가 서로 다른 분야에 흥미를 공유하였고, 서로의 친분관계에도 불구하고 렌조 피아노에게는 축구뿐만 아니라 다용도 경기장 프로젝트에 불과하였으나, 라이스에게는 모험을 즐기는 예술가의 영광, 1990 FIFA월드컵축구에서 일정 역할을 하며, 세계 미디어 무대에 등장할 수 있는 건물이었다.

라이스는 새로운 팀을 투입했다. 몇 달 후 트리스트램 카프레도 동참하게 되는데, 그는 이후 피아노-라이스의 프로젝트에서 라이스의 오른팔 노릇을 하게 된다. 관중석 58,000의 축구전용경기장으로 계획하였고, 후에 육상 트랙이 추가되었다. 위성중계에 대비해서 경기장은 사진을 잘 받아야 하고, TV카메라 시설과 언론보도진을 위한 공간 확보가 설계요구사항에 추가되었다. 경기장을 콘크리트 사발 모양으로 한다는 가본 아이디어에서 출발했다. 막구조 경량지붕을 잡는 굽형 구조는 캔틸레버 손가락이 상부로 뻗은 형태가 되었다. 경기장은 2개의

경기장 관중석

구조물로 구성했는데, 하부는 인조 분화구에 내려앉은 형상, 상부의 산뜻하고 날렵한 비행접시형상을 하부에서 떠받치고 있는 듯하다. 상부구조 바로 아래의 접시받침을 공중에 떠있고 나르는 듯 보이려 가급적 산뜻하고 부드럽게 설계하였다.

고품질의 프리캐스트 방사형 단위부재가 쌍으로 현장 콘크리트의 환형 보를 지지하면서 방사선 단위부재의 하부와 관람석 상부 사이에 가려진 상태로 반복적으로 경기장의 전 둘레에 걸쳐 배치하였다. 상하층의 스탠드 사이에 채광공간이 있다. 상층 스탠드는 26개로 구획되어 대형 연속 타원형의 단일구조물이 아닌 개개로 분리된 요소로 하였다. 관중석은 어떤 위치에서도 190m를 넘지 않는다. 지붕을 지지하는 캔틸레버의 손가락형 지주는 주요 구조물의 단부변에서 상향으로 돌출되어 구조물의 분리를 강조한다.

결과적으로 구조물 스케일은 두 줄의 수평 채광공간(상하부 구조를 격리하는 공간을 덮은 섬유덮개를 통하여 태양광을 투광하게 함)으로 수평으로 분리되고, 스탠드 상부의 콘크리트 구조물의 분할, 캔틸레버

구조요소 및 분할 지붕의 수직으로 분리된다. 경기장이 전체적으로 장대하게 보이지만 스케일의 분할 및 축소화로 관중석 높이에서 경기장 내 각 구획을 알아보기 쉽게 했다. 라이스와 피아노는 58,000명의 운집 관중 규모에 대비하여 구조물에서 휴먼스케일의 필요성을 인지하였다. 건설계약이 되자 콘크리트 구조물의 건설 책임이 이탈리아 건설회사로 이관되었다.

피아노와 라이스는 상부구조의 26개 구획에 있는 26개 큰 꽃잎형상의 테프론 지붕에 집중했다. 그 큰 꽃잎은 크기의 폭이 중앙에서 폭 27m, 가장 좁은 양단부에서 14m이다. 큰 꽃잎을 지지하는 구조는 철골조 변단면 박스형 캔틸레버 리브의 곡선형 부재가 쌍으로 되어 있다. U형 단면강관 트러스는 캔틸레버 리브의 양 자유단을 긴결하여 구조적으로 포털프레임 거동으로 가새 역할을 하므로 별도의 구조물을 추가하지 않고도 점검 통로 및 수직면의 투광조명등을 설치하여 다양한 기능을 갖는다. 꽃잎구조의 리브는 3줄 현재로 엮은 강관아치로서 각 리브를 중도리-지주로 보강하며 큰 꽃잎형상으로 하였다. 꽃잎구조의 전체를 덮은 PTFE막은 투명도 13%로 대낮에도 구조물을 가볍게 보이게 한다. 구조물을 구성하는 강관, 현재의 브레이스 및 중도리-지주 등이 모두 스테인리스강이어서 유지관리가 쉽다는 사실만 보더라도 대단하다.

유리섬유막의 단부를 강봉으로 마무리하여 꽃잎구조에 클램프로 긴결하였다. 막의 만곡이 상대적으로 얕아서 바람에 의한 양압에 역방향의 만곡이 일어나지 않도록 막 계곡부의 상부면에 케이블을 느슨하게 설치하였다. 바리경기장은 형상과 재료가 조화를 이루어 상쾌하고 독특한 구조로서 피아노-라이스 협동작업의 전형이다. 이 경기장은 스포츠 활동의 성지이기도 하다.

15. 루브르의 피라미드

‖ RFR사무소 ‖

루브르의 그랜드 피라미드 프로젝트 이후,
시공 및 제작설치에 대한 기술지원을 하여 1990년초 애럽사무소의 피터 라이스 팀과 RFR
사무소는 창의적이고 미니멀한 유리 및 강구조 분야에서 명성을 얻었다.

루브르의 피라미드
666 panes of glass, and the actual controversy of the Louvre Pyramid

그랜드 피라미드 프로젝트에서 루브르의 넓고 개방된 중정에 지하 갤러리로 바로 내려가는 공동 출입구를 두기로 했다. 피라미드는 주변의 무거운 석재와 장식으로 치장한 기존 건축물과 기막힌 대조가 되었다. I.M. 페이는 기술이 강력한 건축적 아이디어로 만들 것임을 확신하여 라이스의 초빙에 동의했다. 피라미드는 날카로워질 것이며, 순수한 형상으로 정리될 것이었다. 라이스는 I.M. 페이가 루브르에서 피라미드로 이루어 놓은 과감한 조각적 주장을 내세운 것을 좋아했다. 1990년 라이스는 페이와 역피라미드 프로젝트로 협업하면서 페이의 탁월한 설계능력에 찬탄하였다. 지하층 갤러리의 동선이 교차하는 위치에 역피라미드의 인장력이 직하부의 대리석 피라미드 꼭짓점에서, 점에서 점으로 균형을 이루고 있음에 완전히 매료되었다. 라이스는 페이의 건축적 의도와 설계의 심혈을 기울인 이해할 수 있었다.

결과적으로 페이가 샤를 드골공항처럼 유리지지 알루미늄 보조 프레임이 불필요하다고 판단한 것을 내심 바랐겠지만, 훌륭한 건축적 선언으로 남아 라이스가 앞으로 창작활동에 도움이 될 것으로 여겨 페이와 함께 했다. 그는 감사할 줄 알았고 독단적이지 않았다. 츄미와 함께 할 때도 그의 과감한 조각적 해결법에 흥분하였고, 잠재력을 보았다. 라이스는 그가 모색한 인장력과 불안정성이 구조적으로 실현 가능하듯 시각적 수단으로 적절하게 대처할 수 있었다. 라이스는 라 빌레트와 레 세레의 주트러스와 보조트러스처럼 레이어링(layering) 아이디어를 많은 프로젝트에서 도구로 활용했다.

그러나 그 테크닉에서 페이의 단호함을 보았고 건축가가 의도하는 방식으로 일하는 페이의 강력한 시각적 메시지를 수용할 자세가 되어 있었다. 이러한 관점에서 페이의 루브르 피라미드에 대해 여기서 언급할 가치가 있다. 라이스가 선호했던 해결방법을 보면서 라이스는 인장력의 공간구조 내부면에서 케이블을 제거할 것을 제안했을 수 있다. 예를 들어, 1990년의 룩셈부르그미술관에서 중심에서 방사선으로 퍼지는 케이블을 구조요소로 적용한 것은 내부면이 바람으로 인한 들뜸 현상에 저항할 필요가 없어졌기 때문이었다. 이 아이디어가 루브르 피라미드에서 변용되었을 수 있다. 그러나 이것은 낮은 면에서 인장그리

루브르의 실내 역피라미드

드 부재를 경량화하려는 라이스의 선택이 페이의 건축기술과는 무관하다. 아마도 이것은 겹구조와 관계 있을 법하다. 1985년 I.M. 페이와 마이클 매커리는 루브르 중정을 덮는 지붕에 넣을 유리 및 강구조물의 설계에 라이스와 협업하였다.

라이스는 피라미드와 루브르의 중정 등 두 프로젝트에서 유리 및 강재의 고품질을 인지할 수 있다는 자신의 능력을 한껏 과시했다. 또한 건축적 아이디어를 스스로 해석하고 실무적 현안에서 그 아이디어를 보좌하는 탁월한 능력도 보였다. 그래서 역피라미드 프로젝트가 진행되면서 피터 라이스는 자연스럽게 함께 일하고 싶은 협력자가 되었다. 역피라미드 프로젝트는 라이스가 선택한 전개와 겹침이 무엇인가를 잘 보여주었다. 페이가 그 대안에 라이스의 해결법이 건축적 질을 더 높일 수 있음을 알게 된 것이 증거이다. 역피라미드와 그랜드 피라미드의 기술적 해결법에는 엄연한 차이가 있다.

구조엔지니어가 건축에 공헌을 하였다고 하는 것은 페이 작품이 진화하는 과정에 피터 라이스의 영향, 즉 어떻게 기술과 건축이 함께 진화할 수 있는가에 대해 라이스의 아이디어가 상당한 영향을 끼쳤음을 말한다. 이에 대한 증거가 더 필요하다면, I.M. 페이의 아들 D.D. 페이가 RFR에 입사한 후 파트너가 된 사실을 보아야 한다. 그는 RFR에서 피터 라이스와 헨리 바즐리와 함께 룩셈부르그미술관의 유리 및 강구조를 설계하였는데, 그것이 피터와 함께 한 마지막 작품이 되었다. 다른 작품과 마찬가지로 역피라미드에서도 라이스는 건축적 아이디어에 반대 대신 독려를 하고 기본 콘셉트에 도전하기 보다는 애초의 아이디어가 반영되도록 도와주는 역할을 했다.

구조와 기술은 건축을 살찌우고 가능성을 갖게 하는 것이다. 처방전이나 억제제가 아니다. 페이의 접근방식이 로저스나 피아노와 다른 것이 있다면 설계를 풍부하고 가능성을 갖게 함에 있어 라이스의 또 다른 역할을 요구했었을 것이다. 그러나 라이스는 눈을 바로 크게 뜨고 실천했다. 페이는 다른 건축가이므로 다른 접근방식도 유효함이 건축작품에 나타난 것이 그 증거라고 솔직하게 인정했다. 역피라미드는 주광(daylight)을 받아 루브르 지하의 회전식(carousel) 갤러리 속으로 반사하게 했다. 역피라미드는 전시구역과 상가 갤러리의 교차부에 있다. 정사각형의 피라미드 하부는 각면이 4방향의 축선을 가리키고 있다. 갤러리 하부보다는 하늘에서 보다 많은 빛이 인입되어 피라미드 유리면이 성능 좋은 반사체로 작용하여 주광을 갤러리로 내보낸다.

이것이 피라미드가 갖는 품질의 진수이다. 단순한 투명체보다 상당시간의 발광체로 보인다. 이렇기에 '광채'(샹들리에)라고도 한다. 여기에서 페이가 의도한 것은 단순히 주광의 방향 전환에만 있지 않았다. 그랜드 피라미드처럼 빛을 갤러리로 인입하는 사각형 개구부는 어떤 강렬한 조각작품의 프레임 또는 보다 정확히 말해서 한 작품처럼 보인다는 것이다.

인장케이블과 플라잉 스트럿

이 상황은 과거의 전임자처럼 이들 작품이 피라미드 형상을 취하고 있다는 사실이다. 여러 피라미드는 통상적 수직축선상에 정렬되어 있다. 유리의 상부 외피(upper skin)는 지층에 있고 매우 납작한 피라미드의 완만한 경사지붕은 빗물을 막는 기능을 한다.

이 외피는 넘어가는 보행자 동선은 없으나 바닥은 만재하중(full loads)을 지지하도록 되어 있다. 지상의 낮은 담장만이 구조물의 외각을 보호하고 있기 때문이다. 피라미드의 다른 부분처럼 스트럿이 있으며 중앙부가 춤이 깊은 볼록렌즈형 인장구조로 지지되어 있다. 피라미드의 하면을 지지하는 역피라미드 -이 프로젝트 이름이 여기에서 연유함- 는 텐스그리티(tensegrity)구조로서, 압축 스트럿의 위치는 인장부재에 따라 정해진다. 따라서 이 구조는 인장부재의 연속 웨브를 통하여 전체적 형상(integrity)을 취하므로 벅민스터 풀러가 이를 '텐스그리티'로 명명했다. 라이스는 '주케이블 - 플라잉 스트럿'구조라 하였다. 실상, 피라미드의 삼각면은 라 빌레트 벽체처럼 짜여 있지만 인장력은 지면에서 정사각형 개구부를 구성한 콘크리트 테두리보에 매달린 유리벽체의 자중으로 발현된다.

역피라미드는 환경하중의 영향을 받지 않으므로 자중 외의 추가적 프리텐셔닝은 불필요하다. 유리커튼은 주케이블 - 플라잉 스트럿 시스템에 부착된 가느다란 케이블에 의해 피라미드 형상을 유지한다. 전체 시스템은 '입체적(volumes)'의 연속물로 보이며 각 입체의 유리면은 십자형 커넥터에 의해 직상부의 입체에 접촉되어 있다. 이 커넥터로 인장력을 유발하는 고정하중을 양방으로 전달하고 용적의 유리 전달면에서의 회전을 방지한다. 이 기능을 위해 십자형 철물의 4단부에 적절한 유리 다이아몬드형 패널에 접촉되는 커넥터가 있다. 구조의 다른 진화에 맞추어 이 커넥터는 진화과정의 부분인데, 라 빌레트에서 개발한 특수 원형 볼트(boult)로 전이한다.

16. 1992 세비야 세계박람회 미래관

세비야 세계박람회 | Seville Expo '92 |

콜럼버스의 미대륙 상륙 500주년을 기념하여 1992년 4월 20일부터 10월 12일까지
스페인의 세비야 카르투하(Cartuja)섬에서 열린 행사이다.
112개 국가가 참가하였다. 엑스포의 주제는 "발견의 시대, Age of Discovery"였다.
피터 라이스와 그의 동료는 세공한 석재와 인장강재의 파사드를 기존방식이 아닌 방법으로
해결하여 구조엔지니어로서의 능력에 대한 자신감을 시험했다.

Struttura di sostegno del "미래관"

석재의 섬세한 형태가 결정되면 많은 문제 제기와 질문이 있고 엔지니어에게 특히 피터 라이스에게는 게르버보나 아이디어를 현실로 바꾸는 능력에 도전을 하게 된다. 보부르의 거버레트나 라 빌레트의 인장네트처럼 어렵고 새로운 문제해결을 구상하여 또한 과거에 시도

하지 않은 방식으로 진행하며, 때로는 관계 당국도 설득해야 한다. 이들은 첫째, 뛰어난 능력과 풍부한 자원의 결합, 둘째, 피터 라이스의 확실한 언변도 필요했다. 엑스포의 '미래관'은 스페인의 건설회사 MBM이 맡았다. MBM은 미래관을 남과 북, 파빌리온 홀과 그 사이의 중앙광장을 연결하는 파형곡면 지붕구조를 주요 콘셉트로 하였다. 파빌리온의 동쪽 가장자리를 따라 구도시를 바라보는 파빌리온을 알리고 그 부지에 광활하고 장식적인 정원의 배경으로 역할을 할 수 있는 역동적인 파사드를 원했다. 피터 라이스팀은 파형 지붕구조의 한쪽 끝을 지지하는 구조를 해결하고 더욱 중요한 것은 엑스포의 주제인 발견에 걸맞는 파사드를 구상해야 했다. 만약 어떤 엔지니어가 콜럼버스의 대범함과 헌신을 새로운 영역의 개척과 조화시킬 수 있다면 그 사람이 바로 피터 라이스였다.

이안 리치와 피터 라이스는 파빌리온설계경기에서 최종 후보였다. MBM이 최종 3팀의 후보에서 선택되었을 때 그들은 피터 라이스에게 기억될 만한 구조물을 만드는 일에 동참을 요청하였다. 세비야의 예산에 여유가 없었으므로 그 도전은 인상적이면서 향수를 자극하는 파사드를 만드는 일에 만만치 않았다. 그러나 리스본의 미완성 아주다궁 해법에서 자신의 영감을 찾은 피터 라이스는 달랐다. 큰 아치형 개구부가 있는 긴 석재벽이 독립적 요소로 굳건히 서 있고, 그 벽을 지지할 수 있는 다른 구조로부터도 확연히 분리되어 있다. 특별한 일이 아니다. 유럽의 여러 곳에서 미완성이거나 파괴된 교회건물의 석조벽에 인상적인 구멍이 뚫린 채로 서 있는 경우를 볼 수 있다. 그렇다면 도전은 그와 같은 벽체의 상징적 속성을 다소 뒤틀린 방식으로 재현해야 하는 것이다. 현대의 폐허, 돌로 이루어진 가벼운 구조물, 그러나 실제적으로 비용을 절약하는 방법으로 적은 양의 석재로 달성하였다.

첫째, 컴퓨터 해석을 통해 구조부재의 크기를 줄이고 결과적으로 석재의 압축강도를 최대한 활용하는 것이다. 가장 오래된 구조물에서 보는 압축강도의 여유는 없어 보였다. 둘째, 비교적 낮은 압축하중은 치명적이 될 석재의 인장응력을 확인해야 하고 벽체의 석재자중을 높여야 할 것이다.

그 대신 압축하중의 상당 부분은 석공사로 연결된 프리스트레스트 인장구조물에서 올 것이다. 비용을 줄이기 위해 석재의 빌딩블록을 제한하여, 개방형 기둥과 아치구조의 기준으로 200×200mm 표준단면의 단위와 800×800mm 슬래브를 사용했다. 접합 부분을 균등하고 효과적으로 만드는 것은 필수였다. 일부 접합부는 최신의 에폭시수지로, 다른 접합부는 (전단저항을 위한 짧은 스테인리스 다우얼로) 자체적으로 발생하는 인장을 방지하는 비부착형이 될 것이다. 그래서 구식재료의 기능을 유지하기 위해 에폭시수지와 스테인리스강이 새로운 방식인 피터 라이스식 접합이 된 것이다. 초기에는 석재가 의도한 방향으로 기능하기 위해 정확히 재단되어야 함이 피터 라이스팀의 관심사였다. 그들은 채석장에서 석재를 파사드구조의 통합을 보증할 수 있도록 얇게 접착한 접합부에 필요한 작은 오차로 절단할 수 없을런지도 몰랐다. 결국 그들의 우려는 근거가 없었고, 아퀴드라 석공은 신뢰할 만한 허용오차 이내로 가공하였다.

예상치 못한 문제는 석재의 실험에서 너무 이른 단계에서 파괴에 이를 수 있는 취약성이 나타나는 점이다. 대부분의 경우 현대건축에서 석재를 외장재로 사용하기 때문에 강도의 특성은 비교적 중요하지 않다. 석재를 하중 전달재의 역할을 하게 함은 다른 상황에서는 중요하지 않을 이러한 특정한 석재의 취약함이 노출되어 있다. 그렇지만 그는 그것을 방법의 결과로 볼 것이고, 간단하게 공학적 사고에 의해 발생된 또 다른 문제라고 볼 것이다. 공학적 산물에 대한 엔지니어의 독특하고 개인적인 애착을 불러 일으키는 추가적인 면에서 해결방법은 각각 석재 피스에 적용되는 하중방향을 고려한 것이었다. 실제적인 문제를 해결하는 것이었다. 더 일반적인 단계에서 적절한 구조형태를 만들기 위해 개발된 방법은 특별히 인상 깊고 독창성이 풍부한 수준이 되었음을 보여준다.

파사드는 반경 8.66m의 반원형 석재 아치 11개로 되어 있다. 이 아치는 중심간 경간 24.4m, 높이 28m의 2개의 석조기둥 한 쌍에 걸쳐 있으며, 각 아치는 인접한 두 기둥 내부에서 솟아 있다. 기둥과 아치는 편평한 수직면을 형성하고 있다. 무대의 세트처럼 편평한 면의 안정성을 위해 2개의 기둥이 강관 크로스바로 연결되어 있고, 크로스바는 수직트러스형 캔틸레버 역할을 하는 얇은 강재 요소의 삼각형 격자로 연결되어 있다. 이 격자는 지상에서 기둥의 상부까지 연장되어 강재와 석재는 합성구조물로 거동한다. 2개의 외부 기둥이 상부에서 아치의 일부분이 올려지는데 중앙에서 만나기 전까지의 불완전한 부분 아치는 파손 건물의 참고가 되고 그 프로젝트의 발전요소가 된다. 이러한 역할 외 다른 종류의 구조 기능이 있다. 첫째, 기둥머리에 걸리는 추가하중은 석재기둥이 감당하기 어려운 잠재적 인장력을 극복할 수 있는 프리스트레스를 가한다. 둘째, 강재트러스가 아치 후면의 구조에 깊이를 갖게 하면서 기둥머리를 지나 확장된다. 이것은 아치가 잠재적인 면외 불안정에 저항할 수 있다.

아치는 파사드 후면을 덮는 파형 지붕트러스의 양단을 지지하는 구조기능이 있다. 경간 17.3m, 춤 800mm의 아치링의 하중 추력선은 반원형 아치를 정확하게 따라야 한다. 만약 추력선이 내측면이나 외측면을 벗어나면 붕괴에 이를 힌지가 발생한다. 이것은 아치에 걸리는 하중을 일정 간격으로 균등하게 작용하여야 한다는 의미이다. 파형 트러스 단부에서 발생하는 집중하중을 아치 주위에 등분포하중으로 치환하기 위해 트러스의 양단은 석재아치의 내측면에 매달린 케이블로 지지된다. 이 케이블이 짧은 강봉 세트에 차례로 매달려서 아치링의 중심선을 공유한다. 강봉 링은 15° 간격의 방사형 긴결봉 세트에 의해 각각의 위치가 유지되어 석재 제작물 내측면의 파인 홈을 통하여 주아치에 고정된다.

하중을 주의 깊게 배열관리함은 가급적 하중의 경로가 아치 중심선에 근접하여야 하고, 지지기둥에 작용하는 하중이 수직이어야 한다. 파형 트러스 및 외장재 중량만으로는 바람의 양력을 제어하기에 충분치 않으므로 양력에 균형을 맞추는 평형추 트러스 끝단에 부가하였다. 석재아치는 가볍고 부서지기 쉬우며 또한, 지붕구조 및 부가하중이 인장링까지로 연장된 인장봉에 의해 공중에서 고정되어 있다. 가느다란 줄에 의해 매달려 있다. 하중조건이 달라지면 완전한 대칭을 보장할 수 없다. 이에 대해 인장 아치링의 단부 간에 연결재를 추가하여 지지기둥을 향해 대각선 방향으로 설치하였다. 이것으로 인접한 파형 트러스 간 불균형하중에 저항할 수 있는 가새 역할을 하고 있다. 이러한 구조적 곡면이 파사드에 이목을 끄는 점이다. 비교적 미세하고 섬세한 석구조에 압축력을 유지하기 위해 이러한 곡면이 필요했고, 이는 엔지니어가 특별하고 미세하게 조정한 해결책을 마련해야 함을 의미한다. 그들은 타협하지 않고 확신을 가지고 이 역할을 수행하였다.

피터 라이스의 건물이 특별히 주목을 받는 것은 그 디테일에 있다. 파사드구조의 흥미로운 디테일은 있는 그대로 나타난다. 방사 강재봉이 아치에 접합하는 슬롯 접합부, 내부 인장링에 방사봉을 잇는 아름다운 핀접합 등은 전체 구조체를 완벽하게, 그리고 구조의 넉넉함을 더하고 있다. 다른 두 디테일도 다른 이유로 특별히 언급할 가치가 있다. 트러스의 긴결 강봉은 스트러트에 접합된다. 절점 커넥터는 스트럿에 대한 방사적 대칭이지만 부가적으로 절점은 타이가 다양한 공간상 각도로 교차점에서 만날 수 있어야 한다. 또한 강봉에 인장력을 도입하고 사소한 각도의 불완전함을 허용할 필요가 있었다. 이러한 상황에서 표준적인 해결책은 걸쇠의 다리를 가로지르는 U자걸이를 사용하는 것이다. 대신에 특수한 철재 커넥터가 설계되었는데, 이는 봉에서 조정되는 장력을 허용하고 각도의 불완전성을 수용하며 표준적 해결 방법보다 실제적으로 적은 비용이 든다.

표준적인 대체품보다 더욱 시각적으로 만족스러우며 부드럽고 깨끗한 조인트가 되었다. 또한 이 접합부는 숨겨진 원추형 스프링 워셔가 있는데, 이들은 충분히 압축된 시점에서 정확한 프리텐션력을 가한 것이었다. 그러나 이에 더하여 이들이 최대압축에 도달하면 솔리드 워셔로 거동하여 전반적인 구조시스템이 당초 목표로 했던 강성을 유지하게 하였다. 세공 파사드는 부서지기 쉽고 보편적이지 않았음에 드라마틱한 충격을 주었다. 행정 당국은 피터 라이스의 과거 실적에도 불구하고 다른 프로젝트처럼 그 아이디어가 정말로 실현 가능성이 있는지에 대한 확인을 요청하였다. 확신을 주려면 다양한 무기가 필요했다. 그 중 하나가 컴퓨터에 의한 방법이었다. 엔지니어링팀은 구조해석 시 FABLON 동적이완 프로그램으로 아치를 대각방향으로 가로지르는 가장자리가 있는 요소의 새로운 형상으로 다루었다. 이러한 특수요소는 단지 압축에서만 유효하기 때문에 아치의 한 면에서 인장력이 발생되면 인접한 요소들 중 한 쌍이 사실상 사라진다.

이것은 근접한 다른 쌍에 있는 나머지 요소가 압축연의 작은 부분에서 접합부를 만들었고 그에 따라 필요한 힌지 조건이 형성되었다.

애럽의 주요팀은 석조물의 특수거동을 고려해서 적절히 보정한 컴퓨터 프로그램으로 광범위한 하중조건 하에서도 구조물이 강건함을 증명하기 위한 다양한 하중조합에 대한 해석을 할 수 있었다. 당국은 섬세한 구조물이 실제로 서 있을 수 있다고 이해했지만, 시공이 가능하다는 것에는 완전히 확신하지 않았다. 그들의 의구심을 줄이기 위해 피터 라이스팀은 일련의 하부 단위구조를 이용해 기둥과 아치를 조립하는 시스템을 개발했다.

하부의 단위구조는 제 위치로 양중하는 동안 지지하는 이동식 요람을 제작했는데, 구조가 사실상 부서지기 쉽기 때문에 이런 장비가 필요했다. 이것은 아주 엄격한 제약조건으로 설계되었으며, 전체 구조시스템이 조립되어 석재, 강재와 인장봉이 모두 연결되고 프리텐션이 되었을 때만 계획된 기능을 갖는다. 그러나 비록 피터 라이스팀이 이러한 모든 보증조치를 하였어도 세비야 엑스포 담당자들의 의구심은 가시지 않았다. 그들은 마지막 순간까지 파형 지붕의 끝부분이 아치로부터 매달리지 않고 지지되어야 한다고 했다. 물론, 동바리를 제거했을 때 구조물은 서 있었다.

책임자들은 퐁피두센터에서 주강 거버레트 설치의 실현 가능성을 질문했던 소코텍의 회의론자들에게 말했어야 했다. 결국, 보수적인 구조를 원했다면 피터 라이스에게 요구하지도 않았을 것이다.

17. TGV/RER 철도역사

- 르와시, 파리의 샤를 드골 2공항 -

콩코스의 지지기둥

지붕구조

철도역사는 선철과 철강산업의 초창기에 테스트베드를 시행하여 장스팬구조물의 개혁적 발전의 원천이 되었다. 리버풀 라임가의 리처드 터너, 런던의 성 판크라스의 바알로우 및 오우디쉬 등 선박설계자들이 유리와 철강 외 다른 재료로는 불가능한 기술을 동원하여 대형

성당의 건설이 가능함을 보였다. 크리스탈 팰리스에서 입증된 잠재력을 찾았고 주요 철도 교차로의 필요성에서 새로운 형태와 새로운 아이디어를 응용하고 확장하였다.

이러한 것이 개척적 디자이너들이 한 일이었고, 라이스는 그들에게서 영감을 얻었다. 그들은 발명했고, 수평적 사고를 하였으며, 경험과 전문성을 혼합하였고, 동시에 개혁적이면서 실용적인 아이디어로 진화한 창의력이었다. 라이스는 유리와 철강구조에 과감하고 도전적 창안으로 명성을 쌓았다. 샤를 드골공항은 르와시에서 고속철도 노선이 활주로와 도로 밑을 지나 공항을 건너지른다. 콘크리트 터널이 역에서 끝나므로 RFR는 요청에 따라 플랫폼을 덮을 유리지붕 및 유리벽체를 라이스의 방식으로 설계했다. 파리공항공사와 프랑스국영철도회사 SNCF에는 공무원 신분의 건축가가 있었으나 RFR이 건축과 엔지니어링 측면의 설계자였다. 답은 RFR의 실무진을 건축가와 구조엔지니어를 혼성하여 설계환경을 조성하는 것이었다.

결과적으로 단일의 전문가 조직임에도 건축가와 구조엔지니어가 아이디어를 교환하고 양 전문가가 주장하는 바를 협의하는 구도 속에서 설계환경은 이루어졌다. 이 특이한 방식은 건축가와 엔지니어가 착수단계부터 전 설계기간 동안 협력자들과 긴밀하게 협업하는 기조에서 같은 설계철학을 공유하는 장점이 있다. 그들은 결국 그런 이유에서 RFR에 있었다. 프로젝트의 방향을 이끌 건축 콘셉트에 두 가지 특이한 갈래가 있었다.

첫째, 역사건물은 어둡고 닫힌 터널공간과 극명하게 대조되어야 한다는 것, 어두움에서 자연광으로 이동하는 경험을 살려야 했다. 이는 구조가 아주 가벼워야 하고, 구조가 지붕에 위치해야 하는데, 하늘을 보는 것처럼 중요했다. RFR 건축가들이 원했던 것도 역사건물이 앉을 자리에 터널이 있기에 날으는 기계처럼 보임이 공항건물의 존재 이유라고 했다. 역사건물을 잘린 부위와 터널로부터 분리함은 역사건물에 대한 뚜렷한 성격을 정의하고 있어서 지붕의 지지 부위는 잘린 벽체에서 연장되어서는 안 되었다. 잘린 부위의 상부를 벽체로 막아야 하지만 그 벽은 유리로 하고 서로 만나는 부분이 지붕을 지지하기보다는 살짝 닿는 느낌을 주어야 한다. 라이스의 마음에 닿은 그런 구상은 대부분의 건물보다는 훨씬 강하게 조직상의 원칙으로 나타나 구현되었다. 그 구상은 피아노와 함께 보다 가변적이 되어 프로젝트별로 활용되었고, 그 의도는 간단했다.

즉 그 건물을 구성한 요소가 성격이 뚜렷이 구분되도록 보여야 한다는 것이었다. TGV역사건물에서 그 구상은 무대를 넓혔고 구조와 건설을 조직하는 시스템으로 활용되었다. 겹겹의 구조는 의도적 감각으로 겹쳐져서 뚜렷한 '가상 표면'의 한 세트 – 지면에서의 거리에 따라 더 가볍고 더 세장해지는 그런 종류의 표면 속의 요소 – 로 보일 수 있다. 작은 프로젝트가 아니었다. 길이 400m, 공사비 1억 2천만 프랑, 그 건물과 터미널 3/2F 사이에 있는 2개의 프로젝트가 프랑스 수도의 주요 교차로의 우수성을 보이고 있다. 터미널 1과 2의 갑갑하고 투박스러움은 건물이 아직도 그 자리에 있으면서 오히려 라이스 건물의 경쾌함과 특별함을 돋보이게 한다. 플랫폼 층은 콩코스층 아래에 있고 지지구조는 콩코스층보다 다소 낮은 콘크리트 주초에 놓인다. 플랫폼 위로 그 주초와 상당한 것이 아래로 뻗어 철로층 아래의 콘크리트 기초와 만난다.

횡단면으로 보면 기초에 놓인 한쌍의 마스트가 스팬의 1/3 위치에서 구조물을 지지한다. 간단히 설명하면 그 구조는 중앙에서 양측으로 뻗어 지붕트러스 스팬의 1/3 가량의 긴 캔틸레버이다. 결과적으로 지

초승달형 트러스

붕구조의 전체 모양은 지지구조 위로 둥글게 솟아 일반적인 경우와 달리 트러스 상부면에 인장력이 생긴다. 이는 상부면이 상대적으로 작은 단면의 인장타이가 되고 하부의 보부재는 압축력에 저항하는 큰 단면이 필요함을 뜻한다. 모든 캔틸레버 부재가 그러하듯 지점에서 휨응력이 최대가 되고 지붕구조의 단부에서 얇게 된다. 이러한 구조적 배열에 맞추어진 지붕트러스는 지지 마스트(supporting mast)의 정상에서 던진 거대한 활 같은 초승달형상이다. 이러한 초승달형 트러스는 라이스가 좋아한 프랑스 용어인 '점증하는 하중(poutres-croissant)'이다.

위에서 서술한 하중조건의 반전을 일으키는 풍하중에 의한 부양을 저지하기 위해 양단에서 하향으로 긴결되어 있다. 이것은 하부의 압축빔과 상부의 인장빔이 모든 하중조건에 적응하게 되어 있고 구조가 상부의 변두리를 따라가며 점진적으로 가볍게 하였음을 뜻한다. 트러스의 하현재는 2개의 중공부재를 용접접합한 단면으로 상현 인장재와 크기 차이를 강조하고 있어서 전체적으로 횡강성을 보완한다. 초승달 모양의 트러스구조를 지지하는 마스트는 원형 중공단면으로 상단에서 던져진 듯한 초승달형 보의 가느다란 상현재를 가진 손가락 기둥처럼 보인다. 마스트는 주각에서 솟아나서 둘, 셋 또는 넷씩 무리지어 있고 방사선모양으로 배열되어 트러스를 지지한다. 마치 사람의 손처럼 손가락이 모이듯 방사선으로 배열된 마스트가 납작한 베이스 위의 반원형 주강주각에서 소점을 이룬다. 이 구조가 주강이므로 중요한 접합부에서의 원형 중공 마스트의 강한 기하학적 모임형상을 시각적으로 부드럽게 한다. 승객이 이 역사를 통과하여 스쳐 지나기 때문에 라이스에게는 여객과 비행기의 동선을 구분하여야 했다.

주각에 대해서 마스트가 실질적으로 이 지지점에서 핀지지되어 있지만 지지구조로 흘러 들어가는 마스트 단면이 있는 강접합 절점처럼 보인다는 비평이 있었다. 이렇게 되기 위해 핀에서의 얇은 단면이 반강접 압축채움재가 숨겨져 있다. 이런 방식의 접합으로 애매하게 처리함은 라이스의 해법이 아니다.

그는 그때까지 건축개념은 시각적인 잡음을 유지하면서 기술적이고 기능적 해법을 찾는 방식을 추구하였다. 트러스 상현재의 한 절점에 세장한 스트럿을 세워 건물 상부의 유리 외벽을 초승달형 트러스의 상단에서 3m 위에 설치하였다. 이렇게 구조물과 유리벽을 분리함으로써 시공이음 없이 유리벽을 설치할 수 있었고 본 구조물의 어떠한 움직임도 지지스트럿 단부의 회전으로 흡수할 수 있었다. 이 방식의 두 번째 장점은 트러스와 유리벽 사이에서 문형 크레인을 가동하여 청소 공간을 확보할 수 있었다는 것이다. 통상적으로 역사건물에서 빛은 여유있게, 그리고 성공적으로 다룰 수 있는 특수한 분야이다. 프린트 유리는 대낮의 자연광을 어느 정도 부드럽게 한다. 야간에는 인공조명이 프린티드판유리에 분사된 반사광이 플랫폼을 적신다. 빛의 질, 그리고 그 방식으로 백색의 구조요소와 내부작용을 하게 하였음이 성공적이었고, 산뜻한 세련미와 고품질을 갖춘 건물이 되었다.

터미널 3/2F

1974년에 건설된 르와시의 샤를 드골 제1터미널은 그후 증축한 제2터미널과 같이 품질이나 우아함이 떨어지는 무겁고 답답한 건물이었다. 마틴 스프링(Martin Spring)은 두 건물을 '프랑스인이 좋아하는 재료인 현장콘크리트를 볼썽 사납게 처리한 기념물'이라고 꼬집었다. 1990년대 증축할 때, 피터 라이스와 그의 팀이 맡은 책임은 전과는 완전히 달라서 기술, 기능, 그리고 아름다운 매력이 어떻게 나란히 편안하게 공존할 수 있는가를 경쾌하고 미묘하게 나타냈다. 처음에는 제3터미널, 지금은 2F로 부른다. 그만한 사유가 있어서 프랑스 국내항공사인 에어프랑스 전용 청사로 쓰고 있다. 효율성과 스타일을 제외하고, 도착 구역의 메인홀은 곡면형 콘크리트의 얇은 쉘구조이다. 세련된 사각형 개구부를 통해서 활주로가 살짝살짝 보인다.

이 곡면구조는 길이가 200m로 입출국 구역으로 나뉘어 경쾌하고, 곡면과 반투명으로 활주로 근처까지 뻗어 14기의 항공기가 닿을 수 있다. 긴 척추형 구조는 도착홀에서 이 반도형 건물의 단부에 이르기까지 전 구역에 이른다. 이 척추형 보는 보트의 용골과 같은 기능을 하고 반도의 나머지는 형상이나 구조 양면에서 보트해석을 계속할 수 있다. 구조는 강재리브가 단변방향으로 대칭배치되어 넓은 곳에서는 스팬이 50m에 이르고 가장 먼 거리에 있는 출입게이트를 향해 점점 좁아진다. 구조는 척추형으로 연속적이고 전길이에 걸쳐 신축이음이 없어 움직임이 구속되어 있다. 구조가 형태로도 추가적 움직임을 흡수할 수 있는가에 라이스는 큰 관심이 있었다. 라이스의 스케치에서 형태가 움직임을 수용할 수 있도록 기술적 작업, 그리고 주구조와의 부재접합으로 시각적 충격을 주는 것에 모두 관심을 가졌음을 보이고 있다.

구조는 최소한이고 경량이다. 횡단면을 가로지르는 강재 리브는 솔리드한 곡단면으로 바닥레벨에서 인장롯드 팬(fan)으로 지지되며, 메인 콩코스와 머리높이에서 단면이 형강에서 트러스로 바뀌며 종단면방향의 척추형 보와의 접합부를 향하면서 단면의 높이는 커진다. 바닥지지부와 박스형 강재단면 사이에서 미묘한 유기체 형상처럼 커간다. 전체적 구조형상은 이중으로 굽어 있고, 미세하게 짠 철골직물을 구성하여 그 복잡함에도 불구하고 명료함을 유지하여 인상적이며 극적이다. RFR은 구조물의 최적화설계를 위해 비선형해석 프로그램을 개발하였다. 해석결과를 3D모델로 하였고, 응력의 수위를 색깔로 나타냈다. 응력의 배치형태가 즉각적인 가시적 그림으로 나타나 구조와 위험한 위치에 대해 바로 대응하게 하였다.

18. 간사이공항 여객터미널

| 간사이공항 여객터미널 |

일본 오사카부 간사이공항 터미널은 라이스에게는
렌조 피아노와 함께 일할 좋은 기회가 되었다.
이 프로젝트는 1988년 설계경기에서 당선되었고, 6년 후인 1994년에 완공되었다.

간사이공항 여객터미널

부지는 바다를 메꿔 조성한 1.5km×4.37km의 직사각형 인공섬이었다. 렌조 피아노는 정확하고 미묘한 부지의 특성으로 보아 명확하고 기능을 갖춘 기계처럼 설계해야 할 프로젝트로 판단하였다. 메인홀 지붕의 횡단면은 일렁이는 형상의 공력동적 형태로서 삼각단면 트러스를 연속으로 배치하였다. 이 트러스는 양단에서 한쌍의 스트럿 횃대 위에 마치 검사를 하기 위해 지붕구조의 상부를 잡고 있는 양손의 손가락과 엄지와 같이 절묘하게 올렸다. 모형을 잡고 균형을 이루었는지 또한 날아오르는 형상에 만족하는지를 시험하는 렌조 피아노의 계획

간사이공항 여객터미널 모형

을 상상하기 쉽다. 한마디로 콘셉트에서 형태가 도출되었다.

피아노는 간사이공항청사를 넓게 나래를 편 새 또는 착륙하려는 항공기 형상을 구상했다. 라이스도 그 이미지를 이해하였다. 상세하게 말하면, 항공기와 구조공학을 함께 연구한 블레리오트 비행기(Bleriot plane)는 루이 C. 조셉 블레리오트(1872~1936)의 것이었다. 억만 장자, 발명가, 기술자였던 그는 항공기를 성공적으로 제작한 프랑스인으로 거대 자본으로 트럭에 대한 실용적인 헤드램프를 최초로 개발하고 수익성 있는 제조사업을 추진했다. 1909년 그가 첫 비행기를 만들기 시작하여 세계적으로 유명하게 되었다고 생각했다. 개척자적 구조공학자에 의해 전개된 항공기와 발명에 대해 가졌던 그의 생각은 세계적인 건물이라고 제한될 일이 아니었다. 블레리오트 비행기는 우아함과 구조공학적인 부분이 라이스가 좋아하는 방식으로 조합된 작품이었다.

어떤 설계작품이나 항공기처럼 이것도 영감의 원천이 되었음이 분명하였다. 라이스와 피아노의 건물에는 일관된 주제가 있는데, 휴먼스케일과 그 아이디어를 종단면에서 찾을 수 있다. 공항건물의 랜드사이드에 보행자 출입구를 위한 3개의 외부층이 있다. 사람과 자동차가 상

지붕지지구조, 모형

부층으로 진입하도록 지붕 캔틸레버의 꼬리 날개가 외부로 빠져나와 있다. 항공기 구역에 탑승층이 있어 랜드사이드에서 보면 2개 층에서 2.5개 층 높이의 건물로 보인다. 최상층 바닥에 지붕을 지지하는 역피라미드 구조가 놓이고, 그 피라미드의 주각 하중은 콘크리트 기둥을 타고 하부로 전달된다. 콘크리트 기둥은 하부 4개 층을 지나 지하층 구조에 의해 지지된다. 즉 주기둥과 바닥구조가 지붕지지 피라미드를 가새로 묶는 기능을 한다. 공력동적 트러스는 랜드사이드와 에어사이드 양편으로 캔틸레버로 되어 있고, 스팬은 82.8m이다. 이처럼 날으는 긴 트러스 형태는 다음의 3가지 기준이 있었다.

중요한 것은 건축적 콘셉트가 날으는 공력동적 형태의 건물이어야 한다고 했다. 아치는 장스팬을 지나는 구조의 처짐저항에 도움이 된다. 한편, 건물 전체에 신선하고 깨끗한 공기의 순환이 중요하였으므로 애럽사무실에서 온 라이스의 동료인 톰 베이커는 이 프로젝트의 초기부터 건물의 공기흐름 관리에 몰두하였다. 거대한 한 마리 새와 같은 이 건물은 날으는 트러스와 그 아래의 몸체를 감싸는 여러 바닥층이 어울려 형상화되었다. 날개 길이가 1.7km로 좌우로 뻗어 있다. 승객이 동체

지붕지지구조

에 들어가서 날개 한쪽을 따라 가면 탑승게이트에 이른다. 강도가 표면이나 쉘거동에 좌우되므로 구조의 경량화를 위해 특수구조 유체해석으로 '날개' 구조를 해결하였다. 날개구조를 각각 동체에서 날개 끝에 이르기까지 점진적으로 낮아지게 하여 컨트롤 타워에서 맨 끝의 탑승구까지 잘 보이도록 하였다. 날개지붕의 형상은 거대 원추곡선의 일부로 90%가 지면 아래로 수직으로 묻힌 거대한 커튼링을 연상케한다.

지붕구조는 지면 위로 10%만 노출되어 있는 상부 표면이다. 이 프로젝트는 가벼움과 효율이라는 콘셉트가 주요 관건이었는데, 아주 밀실한 구조로 설계하여 콘셉트를 이룰 수 있었다. 강재리브로 곡선 입면 형상을 구성했다. 이러한 접합, 그리고 큰 쉘의 강성을 유지하는 대각리브, 날개 전길이에 걸쳐 이어지는 2차적 평행보 등이 전체의 거동을 함께 한다. 대체 리브의 인장강봉으로 강성효과를 높였다. 곡면쉘의 모든 구조요소가 합성거동을 하여 응력, 좌굴효과 및 처짐 등에 상응할 수 있는 최소한의 두께를 가진 박판구조가 되었다. 새의 뼈대나 비행기의 프레임처럼 중량은 최소화하고 구조효능이 최대화한 건물이다.

19. 스탠스테드공항 여객터미널

스탠스테드공항

스탠스테드공항 청사

라이스는 1981년경 스탠스테드공항(London Stansted Airport 청사 여객터미널–Foster & Partners Terminal) 설계 등 많은 업적을 쌓았다. 아드리앙 팽실베르와는 레 세레, 그가 좋아한 렌조 피아노와 작업한 두 프로젝트인 IBM순회전시관, 그리고 메닐컬렉션 등을 그 즈음에 수주했다. 라 빌레트에서의 작업과 다른 두 프로젝트의 다양성은 점차 복잡하게 되어 파리에 본거지를 둔 RFR 탄생의 계기가 되었다.

이것이 피터 라이스에게는 복잡한 것이 아니라 오랜 동안 꿈을 꾸었던 경력의 출발점이었고, 다른 프로젝트에 쓸 시간이 제한됨을 의미했다. 스탠스테드 프로젝트는 피터 라이스의 공헌과 그가 단순히 팀의 이름만의 명예회원이 아니라 그의 여전한 에너지와 열정을 보인 작업이었다. 그 증거가 그의 스케치북에 남아 있다. 스탠스테드공항의 구조는 강구조의 숲으로 다양한 여러 기준을 충족하는 독립된 수직 캔틸레버인 수목형 구조이다. 수직 캔틸레버의 수목형 구조는 지붕과 외장재에서 부착과 연속성이라는 문제가 생겼다. 그의 스케치북에는 수목 구조의 변위에 대한 의문사항, 처짐과 시공오차의 허용범위에 대한 검토를 하였음을 보인다.

강관 수목구조는 36m의 그리드 간격으로 반복되며, 마치 나무와 흡사하다. 지붕은 단층 이중곡면구조이고, 가새형 수직 래티스는 4개의 나뭇가지에 지지되어 있다. 수목의 가지는 자중을 하부로 전달하기 위해 수목의 중심을 향해 가새로 인장긴결을 하였다. 구조물을 지지하기 위한 구조로 수목의 형태를 택함은 설계를 세련되고 최적화할 수 있다는 실질적인 장점이 있다. 응력, 처짐, 그리고 검토한 형태에 따라 강관과 가새의 크기나 위치를 선택할 수 있고 만약 부지의 건너편 구조에도 활용된다면 더욱 그러했다. 컴퓨터구조해석으로 강재량의 최소화 조건에 맞추어 여러 사항을 조절하여 전체적으로 만족스런 결과를 얻었다. 건물의 전도, 비틀림 좌굴 또는 과도변위 등에 저항인자를 강관의 구조성능, 형상 및 긴결 인장력 등으로 조절하였다.

수목형 구조는 기본적인 구조기능의 작동은 물론 그리드의 각 위치를 잘 유지하였다. 급기 공간 및 대낮의 햇빛을 수용하는 개구부, 조명 등 설치 및 승객 안내 전광판을 둘 수 있었다. 이 프로젝트는 결과적으로 주요 추진력을 확보하였고, 기술의 최적화와 세련된 건축형상을 함께 갖게 되었다.

Ⅳ. 엔지니어의 비전

20. 구조엔지니어의 역할

피터 라이스는 "최상의 건물은 발명가인 건축가와 창의적 조언자인 구조엔지니어와의 공생에서 창조된 것이어야 한다."고 했다. 영국인이 갖는 구조엔지니어의 업무에 대한 이해의 한계에 문제가 있음을 간파하고 프랑스인과 이탈리아인의 엔지니어에 대한 인식을 공유했다.

이 편은 1. 구조엔지니어의 역할, 2. 구조용 유리, 3. 막구조, 4. 접합상세, 5. 산업과 건축, 6. 스승 오브 애럽 등 6개 장으로 구분하여 라이스의 엔지니어로서 비전을 다루었다. 저서 『An Engineer Imagines』와 『Structural Glass』의 서문을 주로 인용하였다. 라이스는 현업의 구조엔지니어였으나 많은 이는 그를 '건축가 - 구조엔지니어'라고 하였다. 그것은 아마도 일반적인 구조엔지니어에 비해 상상력이 풍부하고 설계지향적 기질이 있는 엔지니어라 하여 칭찬하는 뜻으로 이해한다. 이는 보편적으로 구조엔지니어는 상상력이 부족하여 고답적인 해결책만 내놓는 직업인이라는 인식 때문이 아닌가 싶다. 아닌 구조엔지니어가 자신만이 할 수 있는 독창적 설계를 하였음을 알아보고 아낌없는 칭찬을 하고 싶은 마음에서 '건축가 - 엔지니어'란 말이 생겼을지도 모른다. 라이스는 이에 대해 다음과 같이 정리하였다.

엔지니어와 건축가는 하는 일과 방식이 다르기 때문에 그러한 것은 아니다. 엔지니어가 독특하고 독창적인 해결책을 제시하기 때문에 건축가 겸 구조엔지니어라고 부름은 근본적으로 이 사회가 엔지니어의 역할을 오해함에 기인한 것이다. 각자의 일이 어떠하고 무슨 일을 하는지 비교하여 건축가-구조엔지니어와 보통 엔지니어를 구분함은 어려운 일이 아니다. 자동차 디자이너는 피닌파리나(Pininfarina S.p.A., 이탈리아 자동차제작회사)나 조르제토 주지아로(Giorgetto Giugiaro, 이탈리아의 자동차 디자이너) 여유롭게 일을 한다. 그들은 컨텍스트와 문제의 기본요소가 어떻게 반응하는지를 이해하기 위해 일을 한다. 그들의 반응은 주관적이다.

건축가는 같은 문제에도 서로 다른 반응을 한다. 그들은 문제 해결을 위해 선호하는 스타일과 보편적 신념을 적절하게 반영할 것이다. 만약 건축가에게 설계를 위촉하면 그는 항상 고전적인 질서에 기초한 해결 방안을 제시할 것이다. 그 해결책은 그러한 고전적인 질서가 건축 규모에 대한 도시적 감각을 보전하고 그렇게 해석한 과거와 연계하는 유일한 반응이라는 그의 신념을 반영한 것이다. 건축가는 마땅히 그래야 하는 것처럼 자기들의 주관적 사고에 근거하여 적합한 건축적 반응으로 달리 접근하는 경향이 있다. 이러한 양측의 일반적인 대응은 널리 알려졌고 건축의 선별에 주요 요소가 되었을 것이다.

어떤 설계공모전이든 건축가의 반응은 주관적이고 자신의 기호를 기본으로 한다. 올바른 해결책에 대한 자신의 주관적 견해를 표현하기 위해 건축가를 고용한다. 구조엔지니어와 건축가가 동일한 문제에 봉착하는 일은 별로 없다. 그러나 그런 일은 있게 마련이다. 설계공모전에 임하면 구조엔지니어는 설계내용이 객관적으로 수용되도록 변형을 시도한다. 예를 들면, 건축의 흐름에서 문제가 될만한 특수재료를 완벽히 이용해야 할 사유를 조사하여 변형을 시도한다. 그렇게 로이즈빌딩은 콘크리트 건물이되었고, 그 재료를 사용한 구조를 표현했다. 조사와 해결책을 유도한 것은 콘크리트의 성질이었다.

라 빌레트의 유리 구조도 마찬가지였다. 건축가는 건축적 의도를 밝히고 구조엔지니어는 건축개요에 투명성의 본질과 개념을 전달하기 위한 유리의 물리적 성능 활용을 여러 차례 시도하며 변형을 시도한다. 구조엔지니어인 나로서도 유리의 사용이 불가피하다고 보았다. 재질이 설계를 어떻게 끌고 가야 하는지에 영향을 미쳤다. 독창성과 미학적인 선택에 다른 방도가 있었으나 유리의 성질을 충분히 살리는 취지로 기획하였다. 건축가는 창조적인 반면 구조엔지니어는 발명 재능이 있다고 하면 양자의 차이는 보다 명확하게 될 것이다. 건축가는 예술가와 같이 개인적인 판단으로 동기를 유발한다. 반면에 구조엔지니어는 구조의 성질, 재료나 개인적이 아닌 요소로 표현하여 문제를 해결한다. 창조와 발명의 차이는 두 분야를 구분하는 기준이다. 동일한 프로젝트를 서로 다른 방식으로 해결하는지를 이해하게 된다. 지금은 구조엔지니어가 직업상 관련자와 일반대중을 교육하는 일이 중요하며, 아무리 평범한 프로젝트라도 원천적인 기여가 무엇인지를 교육해야 한다.

이에 여기서, 구조엔지니어가 겪는 상황을 살펴보자. 일반인에게 구조엔지니어는 다소 낯선 존재이다. '그들이 무슨 일을 하지? 그들은 그저 무언가를 만들 뿐이잖아.' 마치 고상하지 않은 일을 하는 양 말한다. 그러나 실상은 그렇지 않다. 미디어가 지배하는 이 세상에서는 내용이 아니라 이미지가 중요하다. 구조엔지니어의 역할에 대한 이미지 창출이 중요하다. 이미지만을 좇는 단순한 이 세상에서 문제는 자동차, 가정용품 등 여러 공업생산품의 이미지 창출이 전혀 다른 사람인 디자이너의 몫이라는 점에 있다. 건축가는 우리가 조성한 환경의 기념비이다. 이러한 접근에 심각한 문제가 있다고 보지는 않아도 매사를 발명적으로 해결하는 구조엔지니어의 절대적 역할을 무시하는 것이다.

구조엔지니어가 자랑스런 용어는 아니다. 누구를 돋보이게 하거나 가슴을 두근거리게 하는 것은 더욱 아니다. 때로는 노동조합의 전기기사나 숙련공과 관련짓기도 한다. 프랑스, 이탈리아, 스페인, 독일 등에서는 그러한 경향이 적지만 영국의 하층계급에서 그런 편견이 심하다. 엔지니어는 변호사, 의사, 건축가와 같은 전문직업과 동일하지 않다. 엔지니어라는 어휘에는 아무런 보호가 없다. 자신을 엔지니어라고 말할 수 있는 사람은 대중이 아는 특별한 엔지니어는 아닐지라도 그는 우수한 엔지니어라고 할 만하다. 엔지니어를 이해하는 사람이 있어도 엔지니어가 실제로 무슨 일을 하는지 이해함에는 어려움이 있다. 역사적으로 설명할 수 있는 부분도 있다. 19세기 엔지니어의 어원은 고상했다. 텔포드, 스티븐슨, 브루넬, 에펠 등은 업적과 자신감의 상징이다. 화려한 경력 덕분에 선구자로서 환영받았다. 건축가와 디자이너보다 더 강력한 빛을 발했고, 업적 또한 큰 화제가 되고 있다. 우리는 어디서부터 길을 잘못 든 것일까? 오늘날 복잡한 사회에서 우리는 임무수행에 있어 흥미, 긴박감, 그리고 열정 등이 부족하지 않은지? 그러나 그 당시 우리는 인간을 달에 보냈다. 디자인팀 내 나이 많은 디자이너가 개인적 권한이 적다는 것은 진실인가? 물론 아니다. 각 팀에는 리더가 있다. 리더는 팀이 하는 일에 궁극적인 책임을 진다.

우주선 챌린저 위의 오-링을 기억해 보라. 1974년 오를리 부근에서 부서진 DCZO에 대해 책임진 엔지니어를 기억하라. 거기에는 엔지니어의 역할이 분명히 있었다. 그때나 지금이나 문제는 엔지니어의 이름과 역할이 일반 대중에게 알려지지 않는다. 엔지니어는 익명으로 일한다. 오늘의 엔지니어는 자아라는 장막 안에서 일한다. 19세기의 위대한 엔지니어는 사업주이기도 했다. 자금조달과 건설하는 건축물에 대한 재정적인 책임도 있었다. 따라서 대규모 구조물을 설계하는 구조 엔지니어의 역할을 쉽게 이해할 수 있었다. 세번강에 놓인 교량을 생각해보자. 당시 그 교량은 고도의 엔지니어링 혁신이었다.

그 당시 건설된 다른 교량, 예컨대 미국의 뉴욕 스태튼아일랜드와 브루클린을 연결하는 상하 2층의 자동차 전용 현수교 베라자노 내로스교(Verrazzano Narrows Bridge)에 비해 경쾌했다. 이는 장스팬의 현수교가 되었다. 이렇게 디자인이 돋보인 창의력과 혁신은 런던의 엔지니어 프리만 폭스(Freeman Fox)가 도입한 것이다. 창의적 공학의 예로 북웨일즈를 가로지르는 콘웨이대교의 예를 보자. 엔지니어는 표면에서 합친 2개의 PC콘크리트 튜브를 제작하여 강 어귀의 바닥에 미리 파놓은 3개의 도랑에 가라앉게 하였다. 그 튜브의 물을 빼면서 수면 아래 터널이 건설되었다. 이렇게 건설된 두 사례를 보며 오늘날의 엔지니어도 빅토리아 시대처럼 대담한 발명 재능이 있음을 알 수 있다. 우리가 그들이 한 일을 알아도 그 일을 누가 했다는 표시는 하지 않는다. 엔지니어의 지위가 약화되는 주된 원인은 일과 관련된 개성이 부족해서가 아닐까 한다. 엔지니어는 확신이 필요하며 자신이 설계한 대상에 대한 책임도 지는 존재로 알려져야 한다.

또한, 공학과 감흥을 나누는 일이 필요하다. 엔지니어가 도전할 때 자연이라는 거대하고 다양한 힘에 맞서 이를 극복함이 공학에서는 자명한 이치이고 진리이다. 중력, 바람, 눈, 지진 등에도 도전해야 한다. 디자이너로서 엔지니어 역할의 본질은 자연환경과 인간에 의한 외력을 소화해야 한다. 수리, 환경 및 기초 분야 엔지니어도 모두 자신의 디자인 활동에서 이를 극복하는 위대한 힘을 발휘한다. 외력에 대한 평가 및 검토가 자동해결되는 것은 아니다. 기준, 규준 및 전통이 안내역을 하지만 특수한 상황에 대한 최종적 결정은 항상 엔지니어의 몫이다.

공학이란 도전해볼 만한 흥미로운 일이고, 고도의 기술이 필요하며 매력 있는 일이다. 다만, 엔지니어로서 하는 일의 내용과 어떻게 수행하는지를 설명하지 못할 뿐이다. 이러한 정황에서 중요한 것은 엔지니어만이 결정할 사항이 많이 있음을 깨닫고 설명하는 일이다. 중요한 건축문제에 대해 엔지니어만이 분명한 결정을 할 수 있다는 사실은 보부르의 거버레트가 좋은 예가 될 수 있다. 우리는 엔지니어의 이러한 역할이 건축가의 역할과 어떻게 다른지를 이해해야 한다. 건축가는 현장 상황에 감성적으로 반응한다. 그것은 건축가 개인적인 판단에 국한한다. 그 경우 엔지니어 문제의 본질은 엔지니어가 하는 일이 이해를 받지 못하거나 미디어에서도 응분의 대우를 받지 못함에 있다. 심지어 엔지니어 자신의 미디어도 공학적 도전의 즐거움을 충분히 표현하지 못한다. 그러나 일의 진전에 따라 엔지니어의 역할을 보다 뚜렷하게 하는 특징이 발생하게 된다. 엔지니어는 실수하면 안 된다. 그것은 인간의 생활과 안전이 엔지니어가 하는 일이 옳다는 것에 의존하기 때문이다. 그것이 가장 중요하다. 세상은 엔지니어가 하는 일을 이해하지 않고 심지어 그가 만든 가장 세계적인 작품에 대한 기여를 제대로 평가하지 않는다.

나는 엔지니어로서 한 일을 통해 창의력과 혁신의 영역을 보이고 싶다. 물론 나는 모든 엔지니어가 천재 – 창의력이 풍부한 기술을 표현할 기회를 기다리는 – 로 평가받지 못하는 현실을 알리려는 것이 아니다. 보다 분명히 하고자 하는 것은 구조공학의 공헌이 얼마나 지대한지 깨닫지 못한다는 것, 그리고 그 기여가 함께 일한 건축가나 다른 참여자의 몫으로 돌아간다는 것이다.

많은 엔지니어는 사회가 바라는 바와 그들의 행동 기준이 되는 사회의 기대에 민감하다. 그들은 현실적인 방법으로 그리고 창의적이고자 할 때 그들을 방해하는 환경을 조장할 수 있다. 그것을 '이아고 성향'이라고 한다. 영국의 전위 시인이며, 극작가인 휴스턴 휴 오든(Whystan Hugh Auden, 1907~1973)의 작품집 『염색업자 손』을 보면, 주머니속 조커라는 일화가 있다. 그는 그 속에서 이아고(Iago) 역할을 고찰하고 낭만주의 파괴에서 확실한 이성적 논리를 편다.

셰익스피어의 비극 『오셀로(Othello)』에서 이아고는 전체적으로 오셀로라는 존재에 낭만적 진원을 파괴하려 건전하고 분별력 있게 논의한다. 이성적 논의의 대리인으로서, 이아고는 이성적 논리로 일관하며 사랑과 충성이라는 훼손되기 쉬운 특성을 위태롭게 한다. 오든이 주장한 논리처럼 과학이라는 것도 우리에게 이성적으로 받아들이는 확인 과정의 통과를 부단히 요구하면서 낭만적이고 예술적인 창조력을 파괴한다. 건축과 공학의 대화에서 엔지니어는 합리성과 이성의 목소리를 낸다. 모두 감당하기 쉬운 역할이다.

건축가에게나 다른 엔지니어인 오델로에게 이아고를 연기하게 하는 것이 엔지니어의 치명적 약점이다. 영국 시인 알렉산더 포프(Alexander Pope, 1688~1744)의 경고 구절에서 엔지니어가 할 수 있는 것은 '애매한 칭찬으로 저주하는 것이다.' 그렇게 하면서 안에서 무너지기 쉬운 창조력의 싹을 밟아 버린다. 파괴적 과정의 일부가 될 수 있는 대상이 엔지니어만은 아니다. 리처드 바인슈타인이 오든의 에세이를 소개했다. 그의 논제는 결정을 정당화하기 위해 과학적 정확함을 신뢰하는 현대의 건축 발달이 이아고의 손아귀에 있다는 것이었다. 그 명제는 건축가의 개인적인 공헌을 모호하게 하고 합리적인 정당성의 입장에서 그것을 뒤집는 것이다.

비록 이것이 엔지니어의 일이 아닐지라도 선택한 정당성을 위해 공학 원리를 고수한다. 절대적 확신을 추구하는 이 세계에서 엔지니어가 피할 피난처가 있는가? 분명히 있다고 믿는다. 엔지니어가 할 수 있는 최소한의 역할을 다시 한번 살펴보자. 엔지니어는 재료를 다룬다. 빛과 공기 등 건축의 기본적이고 근본적인 것을 이미지가 아닌 실무적인 자료로 다룬다. 일반 대중에게 건축이 냉담하고 조화를 이루지 못한 것으로 보이는 것은 자명하다. 고딕의 성당건축에서 중요한 석재, 그리고 오래 전부터 열성적으로 건설에 종사한 석공의 진실되고 물질적인 존재를 강하게 표현함에 비해 현대건축에서는 극히 일부만 재료와 똑같은 물질적 존재를 유지하고 있다. 즉 건설업자의 손이 닿은 흔적이 그곳에는 없다. 촉각적이지 않다는 말이다.

이것이 엔지니어의 천부적 재능과 기술에 대한 긍정적인 역할을 하게 하는 것이다. 재료에 대한 이해, 재료의 존재를 구현할 구조물에 사용하는 것이다. 그렇게 하여 사람들이 그에 열중하고 만지고 싶어하며 재료를 느끼면서 건설하고 설계한 이의 감각을 느낀다. 이를 위해 공업의 과도한 지배라는 해악을 피해야 한다. 그것은 손의 흔적 해결법으로 감촉을 추구하는 본질적 성분이다. 그 일을 위해 건물의 재료가 반드시 벽돌이거나 석재일 필요는 없다. 감촉이 되는 재료를 사용하는 것이 보다 정직하고 보다 가까이 다가갈 수 있는 것이다.

보부르에서 강재를 사용했고 또다른 곳에서는 또다른 다양한 재료를 사용한 본질적인 이유이다. 그 다음의 엔지니어 역할 – 규제와 공업을 길들이는 역할, 건물건설사업은 이아고처럼 이 현상에 큰 투자를 한다. 그리고 다른 선택은 비합리적이고 현명하지 못함을 극명하기 위해 모든 논거를 동원할 것이다. 엔지니어만이 이러한 논증을 감내할 수 있고 공업의 잘못을 지적하고 그 논증을 분쇄할 수 있다. 이 시나

리오에서 엔지니어는 비평적이 되어 그의 영혼을 구원할 수 있다. 엔지니어가 건축가의 일에 공헌할 강력한 수단은 재료의 탐구와 재료를 사용한 특징을 표현할 전문지식을 활용하는 것이다. 탐구와 혁신이 핵심이 된다. 나는 재료의 효과적인 사용은 그 재료를 탐구하여 최초로 사용하게 되면 성취가 됨을 알게 되었다. 디자이너는 과거의 전례에 의해 방해받지 않는다. 마이아르교량(Maillart Bridge)에서는 재료 성질의 표현과 콘크리트라는 형태의 특성이 비교되지 않았다. 콘크리트 생산과 그로 이루어지는 형태를 반영하는 형식과 형태를 만들었다. 마이아르의 콘크리트는 브루넬의 강재, 텔포드의 철재와 대조된다. 이 구조는 재료의 물리적 특징의 핵심으로 바로 적용함으로써 방해받지 않는 방법으로 특징을 표현하는 성실하고 정직한 면이 보인다.

우리가 엔지니어로서 모험과 혁신으로 재창조할 때, 디자인에 촉각의 특성을 부여한다는 점에서 성공적이 될 것이라는 것을 뜻한다. 디자인이 만져서 느끼는 것이어야 할 필요는 없다. 재료를 감정적으로 내부 성질을 표현하려 재료를 사용할 때, 그리고 디자이너가 재료에 대해 검토하고 재료에 대한 인식을 현실적으로 받아들이려 할 때 촉각적일 수 있다. 따라서 라 빌레트의 유리벽은 물리적으로 만져 볼 수 없다해도 감촉이 있음을 믿는다.

촉감이란 용어로 건축을 설명하며 표현하려 함이 무엇일까? 촉감의 특성은 감정의 이입과 같다. 그것은 특별히 신성화된 장소를 방문했을 때 느끼는 감정과 같다. 최근 가까운 한 친구가 예루살렘의 유명한 종교 유적지를 방문하며 느낀 강력한 존재에 대하여 설명을 했다. 한 세대의 사람들은 그들의 존재를 느끼게 하였고 그 존재에 눈에 보이는 또 안 보이는 증거를 남겼다. 고딕양식의 성당, 르네상스 양식의 궁전 건물과 교회 건물 모두 이러한 특성이 있다.

물론 이러한 건물이 자연재료로 건설되었기 때문이다. 그러나 그것은 그 이상의 무엇, 즉 건물과 과거를 가까이 접하게 하는 어떤 존재이다. 동물도 새로운 장소를 탐색할 때 이전의 거주자를 확인할 필요가 있을 것이다. 그것은 촉감적인 건축환경을 특정짓는 주요한 요인이 건축에 참여했던 사람들이기 때문이다. 오늘날 인간과 건축환경간에 존재하는 괴리감은 보편화 되어버린 공업의 역할, 그리고 본질적으로는 단조로운 공업의 역할 탓으로 돌리고 싶다. 그것은 환경에 대한 결정이 사람이 아닌 공업의 필요에 의한 결과임을 암시한다. 재료의 확실한 특성을 탐색하여 산업디자인에 보다 근접할 수 있다는 것은 다소 지나치며 많은 엔지니어에게는 경솔해 보이기까지 하다. 그러므로 누구든 재료 자체만을 위해 발명하고 혁신하는 행동은 삼가야 한다.

혁신은 진실된 목적이 있고 또한 프로젝트에 기여해야 한다. 그럼에도 불구하고 다소의 부수적 디자인 요소는 엔지니어가 착수한 일이 모두 그의 목적이 되어야 한다. 가능한 저렴하게 경제적으로 건설하려는 엔지니어의 의무는 어떠한가? 경제와 혁신이 항상 상반된다고 생각하지 않는다. 프로젝트는 가격, 즉 경제적 제약이 있다. 현상설계의 기본이다. 엔지니어가 모든 변수를 참작하며 부수적인 특성을 부가하는 길을 찾음은 현상설계를 재미있고 흥미롭게 한다.

21. 유리구조

개요

유리는 불활성(unalive) 물질이 아니므로 바르게 사용한다면 하중에 반응하는 구조용 재료로 볼 수 있다. 유리는 사용법과 설계원칙 외에 부수적으로 발생하는 어려움과 장애도 있다. 유리구조는 건축이 진화하는 기술 문화 발전에 중요한 역할을 하는 첨단기술의 프로젝트에 관련된 접근방식과 서술에 대한 설명이 필요하다. 피터 라이스는 『Structural Glass(휴 더튼 공저, 영문판, 1997)』가 출간되기 3년 전에 유명을 달리했다.

이 장에서는 당해 저서의 권두의 '휴 더튼의 헌사', 제2절의 유리구조의 설계원칙과 수법 및 안드레 브라운의 평전, 제3절의 '유리와 강재'에 기술된 내용을 인용 · 정리하였다.

휴 더튼의 헌사

피터는 유리구조의 설계 및 시공에 대한 개발 및 신기법에서, 유리는 바르게 사용한다면 일반적인 설계하중에도 충분히 적응하는 구조재료라 했다. 피터와 나는 라 빌레트의 산업과학박물관에서 유리의 활용을 설명하면서 사용법, 설계원칙 및 시행하면서 겪은 어려운 점도 알리려 한다. 유리구조는 고급기술이 필요한 프로젝트 - 건축이 기술문화를 발전 진작시키는 역할을 하는 - 에서 지적 접근과 기술에 대한 열정적 대응이 되기도 한다. 이 『Structural Glass』는 프랑스어 제2판을 영문으로 번역한 것이다. 피터가 작고한 지 3년이 지난 1995년에 출간되었다.

RFR이 라 빌레트에서 처음으로 적용했고, 다른 프로젝트에서 활용한 기법 등을 모으고 확장한 책자로 만들 것을 피터와 의논한 바 있었다. 그것은 피터는 물론 그와 함께 한 설계팀원에게도 중요한 것으로, 건물에서 구조와 기술혁신의 목적이 모든 프로젝트에서도 구체적이고, 건축적 열망에 따라야 한다는 주제를 확인하고 시험하는 것이다. 나는 피터가 이 책을 보지 못하였음을 안타까워하며, 그의 시간적 초월성 및 친절했던 지도가 여러 프로젝트에서 우리에게 자신감을 주었음을 되새기며 그를 그리워하며, 이 책자를 피터에게 헌정한다.

1995년 2월 휴 더튼

유리구조 설계의 기본사항

투명성(Transparency)

라 빌레트의 레 세레 프로젝트에서는 건물 내 · 외부 양방향의 투명성을 극대화하여 실내 공간을 빛으로 가득 차도록 연출하여 각 공간에서의 경관과 건물체적의 중요함을 강조하였다. 당시 현상공모전에서 적지만 건축목적은 '레 세레는 박물관과 공원 간의 전이공간이 되어야 한다.'이었다. 레 세레의 공간적 투명성은 의도적으로 공간적 모호함을 건축적 구성을 통해 달성하게 하여 내부도 아니고 외부도 아니지만 동시에 박물관에 그리고 공원에 있는 장소가 되었다.

유리의 설치방식은 투명유리와 지지구조에 대한 구분을 모호하게 한다. 보는 이로 하여금 유리판의 존재를 인식케 하는 의도, 짧음과 투명성의 품위를 극대화하였기 때문이다. 내부에서 보면 점과 선(지지점과 케이블)의 연결로 내부에서는 유리판의 존재를 인식하고 외부에서 보면 유리판이 그 부드러움과 방해받지 않고 반사되는 표피재료가 된다. 그렇게 하여 내부에서 보는 경관을 유리판 지지구조가 좌지우지하여 유리판은 마치 존재하지 않는 재료처럼 반사현상을 통해서만 인지된다. 내부 빛이 외부 빛에 압도되어, 들어오는 외부 빛에 의한 반사도가 강하므로 유리는 내부에서 보이지 않는다. 이에 대해서 지지구조의 상세가 유리 표면의 본래의 평활도를 강조했다. 이와는 대조적으로 유리에 닿는 외부 빛이 박물관 안의 내부 빛보다 강력하므로 외부에서의 경관은 유리에 떨어지는 빛의 상대성에 좌우된다. 그렇기 때문에 유리는 빛의 상대적인 양으로 존재 여부가 결정된다.

모든 지지구조가 유리의 부드러움과 절충하도록 설계된 것이 아니므로 표면은 항상 연속적으로 보인다. 볼트의 두부가 제거되었으므로 유리표면인 표피 이상 밖으로 돌출되지 않는다. 전체를 유리로 덮었으므로 유리의 전체적 투명도는 빛이 다각도로 투사될 수 있다. 이것은 밖에서 보는 유리 후면의 빛의 양은 상당히 많다. 더구나 유리면에 떨어지는 빛은 완전반사가 되지 않으므로 거울이 되어 공간은 물질로 계량할 수 없는 높은 품질을 택한다. 유리의 양측에서 오는 빛의 양은 다변하므로 비물질적인 것과 유리표면의 비물질성과 상대성 사이에서 항시 상반됨을 창조한다. 앞서 말한대로 라 빌레트의 레 세레 프로젝트는 3가지의 개념인 과정, 예측성 및 체계가 설계의 기본이다.

레 세레의 설계과정을 이해하고 어떻게 가동하는가를 아는 것이 중요하다. 그럴려면 구조물 거동과 건축목적을 분명히 이해하고 산업구조에서 얻을 수 있는 가능성에 대한 지식도 필요하다. 그러한 여러 제약은 일하면서 후속조치를 취할 수 있는 방법을 잘 알아야 한다. 레 세레는 단순히 안이 좋아서 대충 마무리된 것이 아니다. 유리의 거동은 물론 고정용 부품, 케이블 및 지지구조물에 대한 오랜 기간 동안 연구한 결과물이다. 프로젝트는 이해의 폭이 넓어지고 깊어지며 진화했다. 설계 단계별 성과를 미적인 것과 건축적 합목적성과를 비교 · 검토하며 필요한 결정을 하였다. 이러한 설계과정은 항공기, 승용차, 기계장치 및 스키 장비 등과 같은 산업제품의 제작과정과 유사하다.

설계과정이 연구, 정보, 실무현황, 경험 및 미적 목적 등의 조합이라는 사실은 우리 시대, 그리고 현대사업의 성격상 매우 일반화되어 있다. 미적 목적이란 원래 바른 기능을 갖도록 제작한 생산제품의 화장과 같은 것이라고 폄하된다. 설계자는 미적 그리고 기능적 목적에 보다 나은 융합을 위해 거동의 일부 또는 전부를 이해하고 직접 조정해야 한다. 건축가와 구조엔지니어는 건물 또는 건설프로젝트를 관리하며 관습적이고 법적으로 달성해야 하는 특수한 위치에 있으며, 책임도 있다. 담당 프로젝트의 설계와 이행에 필요한 정보를 진행하고 파악할 실력도 있다. 그러나 막상 이행할 때가 되면 주도권은 제작자와 시공사에 있다. 이것은 그들이 설령 기능적이고 미적인 능력이 있더라도 사업제품이 나쁘게 된다는 뜻이 아니다.

산업의 목적이 설계자와 다르고 때로는 지나치게 전통적이고 제한적이다. 과거에 장 퓌로베와 루이지 네르비(Luigi Nervi) 등 위대한 설계자는 산업계와 함께 일정 범위 내에서 창조활동을 하였다. 레 세레의 설계와 시공은 그 대안 중의 하나이다. 산업적 관심이 스스로 기능하고 협조적일 수 있음은 의심할 바 없다. 그들은 때로는 모험과 실험에 용기를 북돋음에 예민하다. 처음부터 그러했듯 그들은 프로젝트의 예비타당성을 확신해야 한다. 회의론은 건설될 모든 것에 책임이 있다는 사실을 보면 설명이 가능하다. 라 빌레트는 CFEM 등 건설사가 깊이 관여했다. 모험을 수용했고 한 번 관여하면 준공 시까지 적극 협력했다. 설계자와 산업체 간 적극적 협력의 예는 수없이 많다. 여기서 예를 들어 그 시너지효과를 설명하고자 한다.

예측 가능성(Predictability)

레 세레의 설계 개념을 이해하려면, 유리의 물리적 · 구조적 성능을 알아야 한다. 즉 유리의 물리적 성능을 활용해야 한다. 임의적 해법은 없다. 접합부와 베어링마다 유리의 거동을 반영한다. 그렇기 때문에 투명성 및 비재료적 공간창조의 강조와는 별개로 레 세레에서의 주원칙은 '예측 가능성'이었다. 구조물의 각 부분과 전체 상세는 하중에 따른 구조물의 거동을 정확히 예측할 수 있었다.

가능하면 하중이 구조물의 여러 부위에 어떻게 전달되는지를 나타내고 여러 기능이 각 요소로 분리와 각 부위의 거동을 이해할 수 있도록 했다. 이렇게 함으로써 깨지기 쉬운 유리 재료에 매우 중요하고, 그러한 시스템에서 기대할 수 있는 성능에 대한 예측 가능성을 제고하였다. 만약에 한 유리 단위가 깨진다면 새로운 하중을 쉽게 분석하여 계산할 수 있다. 예측가능성은 원칙적으로 모든 종류의 유리 단위에 적용이 가능하여 구조거동이 애매하거나 불확실할 가능성을 미리 제거한 설계를 할 수 있다. 이 원칙은 레 세레의 구조에 적절했다. 유리는 하중에 대해 파괴 경계까지 선형으로 변형을 하다가 거의 폭파 상태로 파괴되는 재료이다. 강재, 목재 또는 콘크리트와 같은 자재는 균열의 진전을 막는 일정한 저항성이 있다. 해당 구조물이 균열의 진전에 저항하므로 직접적인 파괴 원인이 되지 않을 작은 갈라짐이나 흠은 생길 수 있다. 그러나 유리는 그러한 성능이 없다.

성능이란 설계용어는 유리에 가해지는 하중과 응력을 확실히 파악할 수 있다는 뜻이다. 일반적인 건축재료는 연성거동을 하여 지지점에서의 큰 국부응력과 불연속성에 내구력이 높다. 이는 강구조물이 재료의 소성류로 고응력을 감당할 것이므로 볼트로 강하게 접합을 할 수 있다. 그러나 유리는 이에 해당되지 않고 응력이나 뒤틀림이 선형강도를 초과하면 파쇄된다. 지금까지 유리공사에서 이 문제를 유리와 지지구조 사이에 고무질 실이나 패드와 같은 가요 흡수형 물질을 끼워넣어 해결하였다. 레 세레는 달리 설계를 하여 지지시스템이 하중의 전달과정을 항상 분명하게 하였다. 유리응력은 모든 하중조건에서 정확히 예상이 되었다. 이 원리를 응용한 두 가지 예는 유리 지지점의 구형 베어링과 압축스프링의 지지 방식이었다. 하중에 따른 거동을 예상하기 위해 투명성과 전체적인 빛을 고양하기 위한 유리의 고유한 물리적 성능을 표현하는 적극적인 방법을 사용하였다.

체계(Hierarchy)

레 세레의 세번째 설계 콘셉트는 체계이다. 어떤 구조물에 위계가 있음은 구조물을 구성하는 전반적인 모든 요소가 상호간 자연스럽고 올바른 질서를 유지하고 있다는 뜻이다. 라 빌레트의 레 세레는, 각 부분 또는 각 부위가 건물 전체에 감춰진 이론적 논리의 필수적인 한 부분으로 파악된다. 자연구조물은 동일한 성능을 갖는다. 참나무의 각 부분은 여타 부분처럼 동일한 위계 질서의 논리로 함께 생장한다. 다른 것은 현상적인 스케일일 뿐이다. 동일한 규칙이 거시적인 것과 미시적인 것에 모두 적용된다.

어떤 이유로 이것이 자연환경에서도 그러한가를 이해하는 것은 어렵지 않다. 그러한 규칙과 상관관계가 우리의 환경에 존재함을 기억함은 중요하지만 그리 쉽지 않다. 레 세레의 경우처럼 단순 단일 기능의 구조물의 경우는 특히 그러하다. 그러나 이러한 규칙은 구조물의 위계질서나 밀착이 어떻게 작동하는지를 이해하기 위해 추리해야 한다. 레 세레의 경우, 예측을 위한 하나의 원칙이 필요하다. 이는 다양한 요소의 모든 상세를 설계해야 하고, 하중의 작용하에 각 요소가 상세에 따라 매번 결정해야 함에 있어 항상 동일함을 확신할 수 있게 설계해야 한다. 위계질서에 대한 이 질문의 또 다른 관점은 스케일이 다름에 유념해야 한다. 일부 요소는 장스팬구조로서 큰 하중을 전달한다. 다른 요소는 작지만 세련된 부품을 전달한다. 혼선이 있어서는 안 된다.

양편이 존재하고 표현상 동일 논리로 각각의 기능에 따라 이해되어야 한다. 최근의 차원분열의 수학적 연구에 따르면, 이러한 현상이야말로 자연환경과 자연구조에 접근할 기본 열쇠가 된다고 한다. 한 구조물 요소의 감소 순서는 주의 깊게, 그리고 함께 완전체를 형성하며 최소 및 최대 크기의 여러 요소가 직결되어 있다. 넘치거나 부적절한 요소나 재료에 대한 단호한 제외는 이미 바르게 성취된 위계질서에 대한 연구 과정상 중요한 단계이다. 레 세레에서의 검토 관건은 구조사항이었다. 그것은 모든 부분을 연결하여 형상을 조정하였다. 그 다음으로 검토한 것은 내풍가새의 인장력, 구조물과 유리에 작용하는 인장력은 부분과 전체가 밀착되어 있음을 표현하는 하중저항 시스템이다. 설계는 전적으로 위의 두 사항을 따랐다. 레 세레에서는 이것이 구조에서 위계질서의 기본이었다. 구조적 구성은 엄격한 체계를 위계질서의 순서를 따랐다. 3세까지 내림차순으로 구분하였다.

튜블러 구조/ 케이블 트러스/ 유리의 매단 구조/ 유리와 지지점

이러한 위계에서 앞서 일어난 거동에 영향을 받는 요소는 없다. 이와는 대조적으로 각 요소는 체계에 따른 하순위 하중을 지지한다. 그러므로 위계질서 내 모든 요소는 유리판과 지지요소를 지탱하고, 지지하는 유리의 단위체로 작동한다. 그렇기 때문에 위계질서의 기본에서 설명하여야 한다.

- 반사현상으로 인지되는 유리면은 상호 접촉된 일련의 지지점으로 결착된다. 이러한 상세는 눈으로 인지되어 유리면의 존재를 알리는 과대 크기의 워셔로 특징이 지어진다.

- 유리의 달림 시스템은 유리커튼 효과를 나타낼 수 있게 상세화되어 있다. H형상의 지지구조물에서 달림 스프링과 수직 달림 상세가 확연히 표현된다.

- 케이블 트러스는 유리에 대한 가새를 최소화하는 단계까지 축소된다. 그러므로 보는 이는 유리판은 보이되 종래 공법에서 활용하는 멀리온이라는 번잡한 격자는 보이지 않는다.

- 강관구조는 8m×8m 그리드로 유리판 바로 안쪽에 위치한다. 직경 400mm 강관의 그리드는 낮은 높이의 가새트러스로 보강하고 있다. 프리스트레스 기술은 가새트러스를 30 및 40mm 직경의 인장롯드로 할 수 있게 하였다. 가새트러스를 상대적으로 높이를 낮게 하여 직경 30 및 55mm의 인장롯드로 이루어진 강관 그리드로서 확연한 표현을 유지할 수 있게 하였다.

유리와 강재

안드레 브라운은 피터라이스 평전에서 "피터 라이스는 빅토리아 시대의 유리와 강구조 건축물이 수공업적이고 주의를 기울여 건설하였

빛을 인입한 지붕

샤를 드골공항

기에 고품질이었으나 오늘날은 그렇지 못하다."라고 했다. 건설속도만을 강조하여 모든 산업이 표준화와 일치라는 좁은 골목길을 고개숙인 채 끌려왔다. 그 결과 우리는 이미 불구가 되어 설계환경이 한계상황에 처해 있었다. 라이스 자신이 자주 언급한 표준화나 산업주의라는 사슬에서 벗어나려는 기회를 모색하였다. 그는 빅토리아 시대 엔지니어의 작품을 살폈고 되새겨 '우리는 강재와 유리에 대해, 그리고 구조가 어떻게 작동하는지에 대하여 많은 것을 배웠다. 그런데 그 많은 지식은 지금 모두 어디로 갔는가? 단면 형상, 강관 등 산업생산품 용어가 개개의 개성을 잘 나타낸다. 기쁨과 즐거움은 서서히 질식해 가고 있다.

라이스는 유리와 강구조물에서 인습적인 것에 도전하고 새로운 접근법을 제시하는 길을 찾았다. 새로운 접근법이란 겁내지 않고 실무기준이라는 버팀목 없이 최우선의 원칙을 지킬 수 있는 능력에서 생긴다. 그는 이것이 기회이고 실험기간이라고 했고, 지금이야말로 산업의 단조로움과 기계적인 반복이라는 질곡을 벗어날 때라고 했다. 보부르 같은 건물과 이러한 관점에서 더욱 중요한 라 빌레트의 생태기후학적 파사드는 유리와 강에 관한 라이스의 아이디어를 시험하고 증명할 기반이었다. 그 흐름의 근원에 대한 연구를 그곳에서 착수했다면 하나의 중요한 영향을 잃었을 것이다. 그 영향이 바로 시드니 오페라하우스였

인장트러스와 유리 지붕

유리 지붕과 지지트러스

다. 많은 사람들이 항상 오페라하우스는 리브가 있는 콘크리트 구조물, 현명하게 처리한 '원구형 단면', 그리고 타일마감이라고 한다. 콘크리트 건물임은 대체로 옳으나 그것은 그의 아이디어 작품을 가능하게 한 재능이 있는 웃존의 영향에 대한 다른 관점, 그리고 애럽사무소팀의 능력을 과소평가하고 있음을 뜻한다. 이 상황에서 결론이 될만한 중요한 요소는 유리벽체이다. 오디토리엄의 유리벽체는 시내를 마주 보며 이를 통해서 항구의 도심인 상업지구의 아름다운 경관을 볼 수 있다.

라이스는 현장엔지니어로서 콘크리트구조에 대한 책임감은 이러한 종류의 여러 요소에도 동일했다. 당시 필요한 것은 쉘의 단부벽에 설치할 초대형 유리판벽이었다. 그것은 라이스의 심장에서 나온 창의적이고 흥미있는 자극적 아이디어였다. 존 너트는 '시드니의 세밀한 상세'에 있었다고 했다. 바닥에서 지붕쉘의 단부 리브까지 수직방향의 특별 강재보로 유리벽체를 지지하였는데, 이 보의 단면은 강판 양측에 2개의 작은 강관을 용접하여 트러스 기능을 갖게 했다. 유리를 부착하는 가동 연결철물을 강관플랜지에 고정하였다.

라이스는 수년 후 이 보다 더 가벼운 지지구조 시스템을 개발하였다. 그러나 시드니에서는 유리와 강구조에 몇 가지의 중요 구성요소가 있었고 이는 이후에 더 발전을 한다. 유리벽면에서 내측으로 후퇴하여 유리면을 투명하게 하고 장인정신이 깃들고 기계 가공한 연결구를 보에서 유리면까지 연장하여 모든 요소의 구성이 조화를 이뤘다. 이러한 모든 현상은 이후 라이스의 건물에서 보다 분명해진다. 요른 웃존이야말로 라이스가 건축을 이해함에 중요한 지도자로 인정하게 된 영향력 있는 인물이었다.

22. 막구조

막(섬유막, fabric)의 연구는 균일하게 표면장력을 유지하는 비누막의 특징을 살피는 것에서 출발한다. 비누막 표면을 구조적으로 모델링하는 기술이 개발되어 비누막 표면의 순간적인 특성을 비교 평가하게 되었다. 표면의 형상은 작용하중에 좌우되며, 모델링기술은 표면에 대한 기하학적 평형을 연구하고 이해하는 최선의 방법이다. 모형의 제작기술은 실제적 구조물을 제작할 수 있는 방법을 제시한다. 형상, 초기하중조건 및 제작방법 등의 상호 관계를 파악함으로써 막의 본질을 연구할 수 있다.

유한요소법에 기초한 컴퓨터해석은 모형의 제작 과정을 연구하기 위해 활용되었다. 이 기술은 설계와 제작할 수 있는 범위가 분석과 해석의 한계가 아닌 재료와 설계자의 창조력 한계이다. 막의 해석에서 작용하중이 크지 않기 때문에 초기의 중력하중은 중요하지 않다. 그러나 눈이나 바람으로 야기된 비균형하중을 최소화하기 위해 중력하중은 공기력 또는 네트와 막 요소의 장력을 통하여 직접적인 초기응력을 유지하게 된다. 특수형상에 대한 물리적 특성을 이해하기 위해 모형을 통한 검토가 중요하다.

강성, 기하학 또는 곡률과 변동하중하에서 표면의 안정성과 중요한 관계를 실험을 통하여 파악한다. 모형은 한 방향과 다른 방향 간의 곡률, 면의 다양한 부분에서 생기는 곡률 간의 균형관계를 가진 면을 산출하는 데 활용한다. 막구조를 특별한 주제로 설계하려면 형상의 특성을 파악해야 한다. 주요 특성은 표면의 모든 점에서 역곡률(anticlastic)현상이 있다는 것이다. 이는 2개의 횡단면을 각각 직각으로 교차시키면 한 방향의 곡률이 다른 방향의 곡률과 정반대이어서 막이 자체적으로 팽팽해지는 현상을 설명하는 용어이다.

막구조를 설계할 때, 이런 특징을 가진 형상을 우선 제작해 봐야 한다. 그렇지 않으면 섬유막구조는 바람이 불거나 다른 종류의 비규칙적 하중으로 인해 늘어지게 되고, 그 자체가 붕괴하기 쉽다. 어떠한 형상이라도 역곡률 상태에 이를 수 있는 방법은 아주 다양하다. 텐트와 같이 단순한 구조는 물론 아치형이나 다른 종류의 구조요소를 그 당시 다른 곡률을 없애기 위해 사용되던 곡률의 특별한 선을 표면에 도입할 수 있다. 만약 표면에 충분한 양의 사전가력(prestress)이 있다면 막의 모든 부분이 평평해질 수 있다. 그것이 두 번째 특성이다. 막을 가력하는 상황에서 막표면의 전체에 양방향으로 팽팽해지도록 막을 당겨야 함을 의미한다. 그리고 이는 한 방향의 장력이 다른 방향의 장력을 잡아당기는 상황으로 표면이 너무 광범위하지 않고 또 평평하지 않은 부분으로 묶여 있다면 섬유막은 평평하게 유지할 수 있다.

또 다른 종류의 막인 방수처리한 폴리테플론 유리섬유(polytetrafluoroethylene, PTFE)는 비교적 뻣뻣하며 실질적으로 영구적이다. 영구불변의 재료에 대한 논의도 필요하다. 테플론은 질이 저하하지 않는 플라스틱이고, 유리섬유는 막을 유리의 특성을 갖도록 비교적 딱딱한 상태로 하중을 전달하는 요소이다. 이는 막의 형상을 명확히 해서 표면의 어떤 면에서든 프리스트레스가 부족하지 않고 주름지지 않을 때 높은 수준의 정확성과 정밀함이 필요하다는 것을 의미한다. 여기서 중요한 점은 반투명재료이어야 한다는 것이다. 주로 내부를 통해 볼 수 있는 섬유막이 최종 형상에 대한 지각력을 갖도록 제작하는 방식은 재단형식(cutting pattern)으로 인한 이음에서 비롯된다. 완벽한 면을 창조하기 위해 모두 합치는 것은 섬유막 자체의 곡률과 형상을 보는 것이 어렵다. 특히 외부로부터 그리고 PTFE막과 함께 평형상태로 희게 되면 순백이 된다. 그것은 접합의 배가일 뿐이다. 재단으로 패널이 만나는 점에서의 바느질 이음매(seams)의 그림자는 면의 형상을 인지하게 한다. 이는 재단형식의 선정에 세심한 배려가 필요함을 의미한다. 궁극적으로 보는 전체면에 대한 지각력은 상세와 일치하고 상세에 의해 고양된다.

파리에 있는 슐룸베르그(Schlumberger)가든 출입구 구조와 슐룸베르그 몽트루즈 텐트(Schlumberger Montrouge Tent)는 가로 약 15m에서 세로 약 100m쯤 되는 작은 텐트로 재단형식은 텐트의 길이 아래쪽에 세로로 뻗는 길고 가느다란 조각을 연속적으로 형성하는 방식이다. 크로스 패턴(cross-patterns)의 최소한의 양으로도 세로방향이 주는 연속성의 감각이 유지되고 있다. 파리 교외의 콩플랑 센트 오노린느(Conflans Ste Honoring)에 톰슨사연구시설(Thomson Factory Research Facility)이 있다. 막은 일련의 아치로 지지되고 슐룸베르그 텐트와 같은 방식으로 세로의 연속성을 유지한다.

다른 예는 바리(Bari)경기장의 지붕이다. 그 지붕의 모형은 관중의 시야 방해를 최소로 줄이기 위해 축소했다. 다른 예는 런던의 로오드 크리켓 그라운드(Lord's Cricket Ground)의 텐트이다. 비용 때문에 외부에 특수도장을 해서 PVC로 시공했다. 여기에서 공간과 막 내부의 분위기 조성을 위해 사용되던 방법의 전체적 지각력은 패터닝(patterning)이 이루어진 방법에서 비롯된다. 건축가는 차양 아래에서의 개인적 공간의 감각을 창조하기 위해 광선의 패턴을 사용했다. 건축가는 조립과 분해가 가능한 구조로 설계할 것을 요청받았을 때 가능하면 가볍고 순간적인 것으로 설계해야 함을 안다. 미래체계(future systems), 그리고 특별히 얀 카프릭키(Jan Kapuricky)는 수년 간에 걸쳐 디자인 면에서 최신 기술 사용을 적극 지원했고 진척되었다.

사용하고자 하는 기술의 성능을 수용하고 패터닝을 이해한다면 막은 비교적 단순한 설계상의 문제이다. 하지만 때때로 섬유막은 얇은 천이어서 존재감이 적다. 파리의 슐룸베르그 프로젝트가 지닌 존재감은 외부와 그곳으로부터 보여지는 이룰 수 있는 한계에 관한 것이고, 실제로 갈라진 틈 너머로 연속성을 제공한다. 그것은 실제로, 텐트형상을 유지하기 위해 사용되던 혼합된 형태로부터 나온 다양함으로 인해 두 면 사이의 연속성을 제공하는 단일의 외부지붕이다. 만약 테플론 유리섬유를 사용하거나 특별히 PVC를 입힌 몇 가지 해결책을 사용한다면 외부면의 반사가 심함을 인지하는 것이 중요하다. 눌러붙지 않아서 자정능력이 있는 것은 차치하고라도 피복재료로서의 테플론은 처음에는 노란색이지만 시간이 지나면 흰색이 된다. 그것은 고도의 반사성을 띄고 있어서 없지만 이는 외부로부터 면의 성질을 알 수 있는 면이 제한되어 있다는 것을 의미한다.

라 데팡스(La Defence)에 있는 레 뉴아즈(Le Nuages for the Cube)를 지금은 대형아치(Grande Arche)라 부른다. 큐브(cube)의 설계는 건축가 스프렉컬센(J.O. Spreckelsen)이 수주한 국제현상설계의 주제였다. 큐브 아치를 위한 설계로 체적에 대한 규모와 스케일 개념의 도입을 위해 내부구조를 구상했었다. 그는 원래 그것을 일련의 유리평면으

레 뉴아즈

로 하려 하였으나 여러 이유로 불가능한 것으로 판명되었다. 구조는 무거웠고 전체적으로 스케일을 벗어나게 되었다. 대체할 막을 함께 개발할 수 있겠는가를 주변에 물었으나 진전을 보이기도 전에 그는 사임했다. 그래서 프로젝트 실행 건축가 폴 앤드류(Paul Andreu)와 일하게 되었다. 스프렉컬센의 막에 대한 기본의도는 공간 내 거대한 판구조였다. 이것이 공간 안에 어떤 피난처를 제공할 수도 있지만 스케일에 대해서는 어떤 인식도 할 수 없다. 섬유막의 존재를 해결할 방책도 문제이다. 단일판의 해결책이 빛과 시각으로 일하는 어떤 환경에서는 사라지기 쉽고 일하면서 물체라고 불릴 수 있는 어떤 것도 제공하지 못하기 때문이다. 이를 뉴아즈(Nuages 또는 구름)라고 불렀다. 그리고 이런 배경에서 그것이 물체, 깊이가 있어야 하고, 어떤 물리적인 공간을 차지해야 한다.

이 특별한 프로젝트에서 중요한 사실은 그것이 완전히 노출된 위치에 있었다는 것이다. 그것은 주위의 지형 위로 끌어올려진 동-서 간 축선상에 있었다. 그래서 막에 따라 작용하는 바람의 상황과 바람의

뉴아즈의 접합

하중은 극단적이었다. 아치의 형상은 풍동실험으로 조정되었다. 만약 존재감을 드러내어 스케일의 감각을 제공하는 무엇인가로 설계하려 한다면, 그 안에서의 주 요소는 막이 아니라 막을 지지하는 다른 구조임을 설명함이 중요하다. 그래서 뉴아즈가 단순한 막이 아니라 구름과 유사한 물리적 체적을 갖는 물체가 한 세트의 케이블 트러스에 의해 지지되는 막이라는 것이 해결의 기본이었다. 그러므로 그것은 뉴아즈에 적용된 막과 구조를 합친 구조물이었다. 막을 광범위한 거리에 걸쳐 만들려는 시도 대신에 뉴아즈 자체의 막을 배의 돛처럼 표현하였다. 그 돛에 유리를 끼워넣어 그 아래에 있는 사람들이 유리를 통해 위쪽의 아치를 볼 수 있게 하자고 하였다. 그래서 비록 반투명 섬유막 캐노피 아래 둘러싸여 있기는 하지만, 유리를 통하여 아치 자체의 장대함을 곳곳에서 볼 수 있다.

여기에 케이블 구역에서 합쳐진 여러 돛의 패턴, 케이블 트러스, 그리고 건설에 필요한 상세는 다른 프로젝트와 함께 프로젝트의 스케일을 정의하는 기준이 되었다. 달리 말하면, 그것이 결말을 알 수 있는 상세이다. 개개의 돛은 그때의 유리패널을 강조하기 위해 아치공간 위를 올려다볼 수 있는 패턴이 되었다. 프로젝트는 복잡해졌다. 아치는 이미 설계가 되었고, 참여했던 시점에 절반은 이미 시공이 된 상태였기 때문이다. 이것은 우리가 달린구조에 가할 수 있는 힘이 이미 정해진 상태였다. 하부에 지지물이 없다는 것도 중요했다. 캐노피를 긴결할 필요가 있었으나 그 아래쪽에 어떠한 수직재도 허용하지 않았다.

온전히 위로부터 매달려 있어서 공간에 매달린 요소의 자유감각이 손상되거나 파괴되지 않기를 바랬다. 물리적 존재와 그로 인한 케이블 트러스의 전높이로 함께 떠있는 캐노피의 느낌이 아이디어의 기본이다. 흥미 있는 것은 후에 이해하기 어려움을 발견했던 것이다. 그것은 무겁게 인식되었으며 막이 견뎌야 할 극한적 바람하중에 따른 구조물이었으므로 특별한 설계개념이 있는 것은 아니었다. 그러나 그것은 처음 만들어졌을 때 마땅히 그랬어야 하는 것처럼 가벼운 것으로 인식되지 않았다. 이후 무난히 수용되어 부드럽고 아름다워졌으며, 큐브와 그것을 둘러싸고 있는 부분으로 인지되었기 때문에 충분히 이해되었다. 사람들이 지금은 그것이 무엇인지 그 성질과 특성을 인식하고 있다. 그리고 상세, 케이블, 섬유막, 유리를 아우르는 전체적인 풍요함은 실질적으로 아치의 스케일을 높였다.

스프렉컬센은 원래 뉴아즈를 단순히 큐브 안의 구조로 제시한 것이 아니라 뉴아즈가 양측에 공간에서 떠 있으면서 큐브의 정면으로 내려가야 한다고 했었다. 이것을 뉴아즈 파르비(Nuages Parvis)라고 했다. 파르비는 큐브 안에서 플랫폼이 되었다. 여기에 문제가 하나 있었다. 큐브와 파르비의 발주자가 서로 달랐다. 큐브의 발주자는 정부조직인 SAEM으로 큐브와 큐브의 뉴아즈, 그리고 큐브 양쪽에 한쌍의 건물을 지으려는 의도였다. 그러나 큐브의 정면은 발주자가 라 데팡스의 공공

시설(etablissement publique)이었다. 따라서 파르비에 대한 뉴아즈를 큐브에 대한 뉴아즈를 함께 설계하는 것은 불가능하였다. 파르비에 대한 뉴아즈는 추후에 설계를 했지만 시공하지는 않았다. 그 당시까지 해온 일은 앞서서 표현한 막의 설계였다. 뉴아즈 파르비의 아이디어는 막의 비용문제도 있었다. 반복은 아주 중요했다. 만약 그렇게 하지 않으면 각각에 대한 재단형식을 분리하여야 했다. 그리고 모든 패널과 재단형식을 제공하는 비용과 섬유막 커팅은 독립적으로 완성된 구조의 총비용의 실질적 부분이다. 그러나 규칙적인 기하학으로 엄격하게 규정되지 않은 자유형상을 찾아야 했다.

현실적으로 컴퓨터기술을 사용하고, 개개의 돛 또는 규격패널이 구형이 아니었던 방법으로 한 번 구부러진 자유스러운 기하학에 의해 한계가 정해진 섬유막 개개의 단면을 어떻게 설계할 것인가를 검토하는 일이었다. 그것은 비정규 형상이었지만 그것을 반복하는 것이 가능하였다. 그래서 왼편의 패널경계는 인접한, 그리고 다른, 오른편 경계구역에 접합되었다. 이 규격 패널을 사용하면 균일하지 않은 자유형상의 것을 창조할 수 있었다. 구름의 파동을 얻기 위해 이 모듈은 사인곡선(sinusoidal) 곡면의 일부였다. 세부적으로 구분된 이미지를 만드는 것과 유사하게 컴퓨터를 이용한 기하학적 방법에 의해서만 가능하다. 우리가 고찰하고 있는 것은 규격패널로부터 기하학적 형상을 도출할 수 있는 컴퓨터를 활용하는 아이디어이다.

그 자체가 복잡한 형상이긴 하지만 컴퓨터 내의 다양한 부품을 조사 · 탐구하고 전체 형상에 대한 의도와 목적은 자유형상이나 규격패널로 이루어진 자유형상이어야 했다. 창조적인 디자인 요소로서의 컴퓨터 활용은 손으로 할 수 있는 일을 컴퓨터가 대신하는 정도의 의미가 아니라 실제로 달리 어떻게 할 도리가 없는 일을 하는 - 규격 섬유막 패널로 연구될 수 있는 - 전체 새로운 세트의 가능성을 의미한다. 두 세 프로젝트를 이 기술로 설계했으나 실현된 것은 아직 없다. 그리고 곧 건설될 것이라는 뉴아즈 파르도 실현가능성이 없어 보인다.

왜냐하면 어떤 사물을 설치한다면 공간의 웅대함이 파괴될 것이라고 말하는 프랑스건축협회의 실질적이고 중요한 견해가 있었기 때문이다. 또한 뉴아즈가 그곳에 건설되면 다른 건물이 부분적으로 어두워지므로 건물주의 반대가 심했다. 이 접근 방법은 섬유막을 덮개가 아닌 다른 목적인 경우에 가능하다. 반면에 로즈 마운드와 바리 축구장 프로젝트에서의 막은 아래에서 보이는 덮개로 사용된다. 그런데 바리에서 막의 존재는 스타디움의 전체 형태, 그리고 스타디움의 다른 요소에 통합되는 방법의 일부분이었다. 그것은 물리적인 존재가 확실함을 의미한다. 그러나 막 자체는 완전히 아래에서 보인다. 그러므로 절단형식의 접근방식은 확실한 근거가 있다.

그것이 막을 탐구하는 방법이기 때문이다. 재미 있는 것은 막으로 얻을 수 있는 형상은 유리나 다른 재료로는 얻을 수 없다는 것이다. 본질적으로 기하학적 자유를 주어야 한다. 막이 제공하는 특성은 이 자유형상 탐구의 기회를 주는 것이다. 그리고 일단 하나 이상의 형상에 있어서 함께 접합된 그것의 가능성과 함께 패널타입을 요구하면 컴퓨터로 탐구할 때까지 실제로 결과가 어떨지 모른다. 그런 까닭에 그때 중요한 요소를 확인하는 한도 내에서의 접근을 당연한 것으로 가정하면서 만들고자 하는 뭔가를 미리 설계하지 않아도 된다. 그리고 그것이 주는 것이 무엇인지 알아보기 위해 컴퓨터로 검사해야 한다. 과정은 예정된 문서형태를 성취하려는 것이 아니라 꽤 흥미로운 설계에 필수적인 부분이라는 아이디어를 알게 된다. 모든 종류의 다양한 삶의 모습이 있다. 예를 들면 드레스를 디자인하는 것, 그곳에서 사람들은 막을 연구하고, 매우 특수한 형태와 형상을 창조할 수 있는 방법을 연구한다. 우리가 탐구할 수 있는 분야가 많다고 생각한다. 싱가포르의 난양(Nanyang) 프로젝트를 검토하고 있을 때, 칸딘스키 그림을 시발점으로 했다는 것은 재미있는 일이다. 우리가 관심을 가졌던 그 그림의 특성은 다양한 빛의 밀도를 창조하기 위해 서로 겹쳐진 면의 다양한 층의 양식이었다. 그것은 특별한 그림을 따르기 위한 특별한 시도라기보다는 치밀함이 결여된 시발점이었다.

적용에 있어서 치밀하지 못한 것이 아니라 해야 하는 일에 대한 보다 철학적 의도가 있어야 했다. 막을 겹침으로써 어떤 경우에는 막의 3층 아래에 있을 수도 있고, 다른 경우에는 2층 아래에 있을 수 있다. 잘 알고 있을 아래 빛의 밀도와 위 공간의 감각은 단지 단일 막면에 의한 것이 아니라 칸딘스키가 자신의 몇몇 그림에서 평면의 3차원 성질을 탐구한 것과 마찬가지 방법으로 막의 층을 겹치는 것이다. 그런 종류의 영감을 위한 사용법도 있다. 반투명과 투명을 혼합하는 잠재적 가능성도 있다. 부적절하게 탐구한 것 중의 하나는 섬유막과 유리 혹은 폴리탄산에스테르의 혼합이다. 왜냐하면 막 자체는 그림자가 거의 없는 빛을 생산하기 때문이다. 만약 공간 위에 막지붕이 있다면 그것을 통하여 나오는 시각적으로 곡률을 평평하게 하는 완전히 산란된 빛을 얻는다. 그리고 지붕이나 그와 같은 무엇 및 공간 내부의 실제 성질은 어느 정도 손실될 수 있다.

따라서 우리가 해온 다른 것 중에 하나는 반투명과 투명 패널의 혼합에서 구조를 고찰, 검토 및 시행하고 있었다. 그것이 바로 우리가 뉴아즈 큐브에서 했던 일이다. 파리의 불 감베타(Bull Gambetta) 프로젝트는 빌딩 내부에 빛을 덮는 것이었는데, 좀더 생기 있는 지붕형상에 섬유막과 폴리탄산에스테르를 배합하였다. 문제는 진행과정에서 막이 종종 신통하지 못한 해결책으로 활용된다는 것이다. 이것은 전략적으로 좋은 기회가 되지 못한다. 그러나 어떤 건축적 결과를 이루려는 상황에서, 반투명의 다양한 레벨을 제공하는 타입의 증가와 함께 캐노피 또는 반투명하고 투명한 패널의 도입에서 오버랩과 같은 특징을 이용한다. 반투명 배합, 빛과 지각의 질을 더욱 더 많이 탐구할 수 있게 됨을 의미한다.

실질 프로젝트에 활용

안드레 브라운은 평전에서 라이스가 실질 프로젝트에서 어떻게 막을 활용하였는가에 대해 다음과 같이 서술했다. 피터 라이스는 시드니 오페라하우스 이후, 프라이 오토와 막구조설계를 함께 하면서 경량구조해법에서 이전에 없던 재료해결에 관심이 있었다. 라이스가 동료 앨리스테어 데이와 함께 동적이완에 대한 컴퓨터기반 해석기술의 개발에서 이 구조가 중요한 역할을 하였고, 그 해석기술은 이후 그의 프로젝트에서 중요한 도구가 되었다. 그러나 그는 자신의 프로젝트 외에는

몽트루즈; 모양과 내부의 재단 패턴

막과 관련된 일을 하지 않았다. 그가 막구조의 사례를 본 것에 한계가 있었고, 만일 그가 막재의 독특한 품질이 건축적 의도를 잘 맞춰주거나 용기를 북돋워 주었음을 보았다면 섬유막재의 활용에 관심을 더 가졌을 것이다. 그가 막을 좋아한 것은 첫째, 막의 반투명 성능 때문이다. 막이 태양광이나 비를 막는 보호막이 되면서 태양광을 투사하는 것을 특히 좋아했다. 바리 축구경기장은 이러한 막의 특징을 두드러지게 한 구조물이다. 둘째, 막으로 독특한 형상과 공간을 구성할 수 있다는 점이다. 완공한 막구조물에서는 막의 재단 패턴과 이음새를 항상 관찰할 수 있다. 재단패턴과 이로 인한 단부 봉합부를 세심하게 관리한 흐름, 이중곡면, 이러한 막구조물 공간은 특별하고 호기심을 일으키는 품격을 갖출 수 있다.

1980년 슐룸베르그 회사의 가든 출입구에 막구조가 있다. 정원 출입구의 캐노피 막구조는 평면이 100m×15m로 길고 좁은 통로의 위를 덮는다. 덮는 기능은 물론 보행자 흐름과 행렬을 활성화한다. 소기의 효과를 내기 위해 캐노피 길이방향으로 길고 연속된 띠를 둔 재단 패턴을 두었다. 라이스는 캐노피형상, 그리고 투사한 빛의 경쾌함을 보았다.

막구조에서는 처짐에 대한 조합과 저항이 막면이 방향을 달리하며 반대로 나타난다. 말안장처럼 서로 반대의 면이 두 방향으로 직각으로 교차한다. 이렇게 되기 위해서는 표면을 상부로 미는 압축부재가 있어야 한다. 압축부재는 둘 중 하나이다. 바리 축구경기장의 리브처럼 선형지지되거나 지면을 미는 마스터나 인장망의 '플라잉 스트럿(Flying strut)'으로 점지지가 된다. 슐룸베르그 몽트루즈 막구조는 마스트(mast)와 플라잉 스트럿을 조합하였다. 런던의 로즈 마운드 관중석과 파리 라 데팡스의 레 뉴아즈(구름)의 막구조에서 압축 주부재는 마스트와 플라잉 스트럿이다.

로즈 마운드 관중석

영국의 하이테크 건축가 마이클 홉킨스(Michael Hopkins)가 1985년, 로즈 크리켓 구장의 스탠드 신축공사 설계를 의뢰받을 당시, 경기장 관중석의 지붕을 철판마감 강구조로 처리하는 것이 일반적이었다. 예외가 있다면 장스팬 pc콘크리트구조로 하는 정도였다. 그러나 홉킨스는 아주 색다른 생각을 하였는데, 결과적으로 찬사를 받았다. 라이스가 설계한 대부분의 막재는 PTFE로 코팅한 유리막인 테프론이었다. 막재가 자외선(UV)으로 강도가 저하되는 것을 방지하기 위해 막표면을 코팅한다. 로즈 마운드 관중석에서는 예산의 제한으로 테프론 대신 PVC를 사용하였다.

마이클 홉킨스는 마스트가 있는 백색 텐트를 여러 개 배치하였다. 텐트는 가볍고 물이 흐르는 듯한 구조물로써 후에 로즈 크리켓과 동의어가 되었다. 결과적으로 텐트는 제 역할을 하였고, 긍정적 이미지를 주었다. 곡면 텐트는 단 하나의 압축점이 최고위점에서 이루어지는 고깔형상이다. 텐트의 최고점은 원형 강관 마스트와 인접 마스트의 케이블에 달린 고리에 의해 교대로 나타난다. 이 달림구조의 원추형 텐트에 마스트가 반드시 필요한 것은 아니어서 기둥 없이 교대로 배치된 텐트가 있다. 원추형 텐트의 정점에 응력집중이 크게 일어나지 않도록 막을 잡아매는 고리가 필요하다. 막재를 마스트 정점에서 단지 1개 지점에서 잡아매면 집중응력이 발생한다. 이는 마치 연필심 끝으로 무명손수건을 미는 것과 같다. 홉킨스와 라이스는 원추형 정점의 링과 하부에 형성된 잘 정리된 실내의 부속공간을 원했다. 재단 패턴을 막 패널의 중심부에서 방사선 방향으로 원추의 외연으로 넓게 퍼지게 배열한다. 막재의 하단부를 당겨 의도한 형태가 되도록 마스트에 거는 원

막이 연출하는 인테리어

형강관 스프레더가 있다. 이것이 마스트에 직각으로 연결되어 막재의 하단부의 포켓에 매는 일련의 케이블에 연결된다. 스탠드 관중에게는 텐트의 자유 끝단이 낮은 뾰족한 형태가 연속적으로 배열된 것으로 보인다. 운동장 내 다른 곳에서 보면 텐트 전체가 하나로 통합된 것으로 보이지만 관중은 형성된 공간과 구성된 여러 부재를 개개의 스케일로 느낀다. 이탈리아 바리 축구장 스탠드처럼 관중은 군중이 아니라 개별로 모여서 그룹을 형성한 것처럼 정리되었다. 분할과 상세에서 휴먼스케일이 가장 중요한 과제로 남는다.

뉴아즈 사례

라 데팡스의 그랑 아르쉐는 거대한 매스의 단일 소재 건축물이다. 강렬하게 빛나는 육면체, 직사각형의 중앙개구부는 '파리의 역사 축'의 한쪽 끝이 시작되는 거대한 아치를 형성하고 있다. 이는 루브르-샹젤리제를 잇는 축선상의 3개 개선문의 아치 중 가장 최근에 건설된 것이지만, 카루젤과 에투와르에 있는 다른 아치에 비해 훨씬 크다. 파리의 심장부에서 수 km 떨어져 있는 루브르는 그 축을 기준으로 양분되지만, 라 데팡스에서는 가시권 내에 있다.

그랑 아르쉐는 설계공모전의 당선작이다. 아치는 길이가 110m의 완전 정육면체로 건물 중앙의 개구부는 높이 93m, 폭 70m로 노트르담 성당보다 높으며 샹젤리제 거리를 덮을 만큼 넓다. 스프렉컬센이 설계한 아치는 중앙 개구를 통하여 개선문과 파리를 바라보는 이를 길게 뻗은 전망 좋은 산책길로 안내하며, 그 산책로에 구름(뉴아즈)을 흘러가게 함이 설계의 기본개념이었다. 스프렉컬센은 이러한 구름이 규

그랑 아르쉐. 아치로 인도하는 파르비가 있는 레 뉴아즈와의 결합

막, 인장망 및 보조시스템 역할을 하는 플라잉 스트럿

모는 커도 경쾌한 막구조로 인식하였다. 결국에는 건설비용 제한으로 뉴아즈는 그랑아르쉐 주변에 집중할 수밖에 없었다. 그러므로 산책로나 지역에 올바른 이름을 가져다 준 팔비스를 고려하였으나 라이스팀의 설계안에서는 실현되지 못했다. 결과적으로 그 산책로가 없었더라면 오히려 더 넓게 보였을 것이다. 그러나 그랑 아르쉐 건물과 그 주변을 떠다니는 구름은 강력하고 인상 깊은 조각적인 표현으로 남아 있다. 두 구성 요소는 상호 보완적이다.

뉴아즈는 거대한 아치의 기하학적 직선적 형상, 그리고 이와 대조적으로 흐르는 듯한 형상으로 읽혀져 서로 겹쳐지는 형태가 되었다. 건축가가 의도한 설계개념을 결정하는 회의에서, 조사한 내용과 아이디어를 내는 일반 프로젝트와는 달리, 이 설계에서 라이스는 보다 직설적이었다. 건설되어야 형상이 명백해지는 아이디어에 관한 것이었다. 물이 흐르듯, 그리고 아치를 지나는 구름 같은 형상의 막구조로 설계하여야 한다는 요구가 있었다. 설계자의 의도가 분명하였기에 구조엔지니어는 바로 일에 착수했다. 라 데팡스 프로젝트가 진행되는 동안 스프렉컬센이 병을 얻어 그만두게 되었다. 프랑스 건축가 폴 앤드류(Paul Andrew)가 설계를 이어받았지만, 라이스는 앤드류가 스프렉컬센의 의도를 확실하게 이어갈 것임을 알았다.

라이스의 첫 시도는 구름 형상이 물 흐르듯이 하고 자유형이 되더라도 일정 수준의 표준화가 필요하다는 것이다. 둘째는, 자연상태의 구름만한 부드러운 부피를 어떤 식으로라도 반영해야 한다는 것이다. 셋째는, 주의해야 할 요소를 스케일이라고 보았다. 아치의 개구부 크기는 진정 기념비적이었다. 라이스는 막구조가 너무 컸기에 휴먼스케일을 느끼게 할 장치가 필요하다고 생각했다. 라이스는 이러한 시도의 일환으로 모듈개념을 도입하였다. 주케이블은 곡선화된 내부 주케이블에서 방사선으로 뻗어 있다. 이것이 모듈화로 세분된 연속평행케이블을 구성한다. 이러한 모듈은 일반적인 '특징'을 근간으로 하여 생성된 것으로 변형의 제한된 범위 이내이다. 여기서 제한이란 구성요소의 고정된 세트를 갖추어야 하는 의욕과 경향이나 구름이 갖는 리듬감을 수용할만한 가변성에 의해 좌우된다. 라이스는 기하학적 규칙에 따른 반복과정과 연속적 생성을 통하여 방향의 다양성에서 각각 서로 연결될 수 있는 모듈을 개발하였다. 구름의 표면 파도를 반영하기 위해 모듈 형태는 사인곡선(sinosoidal curve)이 되도록 하여 빗방향으로 발생되는 형상이 되었다. 라이스는 모듈형태가 생성되는 과정을 프랙털 이미지(fractal image)를 구축하는 과정에 비유하였다. 이는 런던 워털루 역사에서처럼 구조체 형상을 생성하기 위해 사용했던 매개변수를 변형한 테크닉과 유사하다.

뉴아즈에서 적용한 원칙은 최종 형상을 기본으로 하여 새로운 형태가 나오면 최초 형태의 가장자리와 연결되고, 일련의 특성화된 원칙에 따라 고유형상을 생성한다. 이러한 식으로 형상을 생성한 그의 컴퓨터

막의 단부 상세와 인장 정착의 외관

기술은 제2의 천부적 재주였다. 구성요소의 형상을 이상화하는 과정, 그리고 막과 케이블의 응력을 조정할 수 있음은 라이스에게 주어진 모든 기회를 자신의 것으로 만든 결과였다. 계산 결과를 보는 것은 또다른 재미이다. RFR의 파트너였던 버나드 보더빌레는 초기 뉴아즈의 컴퓨터해석을 주의 깊게 관찰하던 라이스를 회고했다. 해석 결과가 일반 직원에게는 난무하는 숫자로만 보였으나, 라이스는 난무하는 눈송이에서 규칙적인 수정체 형상을 보았다. 조절이 잘된 결과를 얻는 형상과 응력의 조정방법을 즉각 파악하였기에 응력집중을 피하고 표준화 쟁점을 이상화할 수 있었다.

주의해야 할 둘째 것은 자연상태의 구름이 갖는 가볍고 솜털 같은 체적을 반영하고 현시화하는 일이었다. 두 겹의 막모듈을 만들 수 있는지 검토하였으나 문제가 있음을 알았다. 선택한 테프론은 반투명재가 아니었으므로 두 겹의 막을 사용한다면 반투명도는 무시할 정도였을 것이다. 막의 인장력은 스프레더와 내·외 막을 미는 얇은 압축스트럿으로 유지되었다. 두 겹의 막이 불가능하다면, 논리상 한 겹은 막으로, 다른 한 겹은 가느다란 인장케이블로 짠 다양한 형상의 역피라미드망으로 하면 될 것이었다.

반투명상태를 유지하고, 변화하며 형상의 수명이 짧은 자연적인 구름의 특성을 막과 케이블망 사이의 공간에서 연출할 수 있었기 때문이었다. 이러한 시도에 대해 건축계의 평가는 갈렸다. 대부분은 막구조가 오히려 거칠고 딱딱한 느낌을 준다고 했으나, 라이스는 막이란 시간이 지나면 자연적으로 부드러워져서 점차로 만족스런 외양과 느낌을 주는 구조가 될 것이라고 했다. 앞서 마지막 논거는 스케일, 그리고 그가 오랜 동안 고민해온 상세에 대한 것이었다. 주요 교차부와 앵커부위를 주의하여 설계하였다. 일반 교차부는 표준형 평철판을 사용하지 않고 접합 교차점을 부드럽게 하여 교차부를 편평한 회전타원체와 고리형 반지로 만들어 그가 지향했던 수공예 솜씨가 깃든 라이스가 목표로 한 느낌을 갖도록 하였다.

생각해보면, 뉴아즈에서 막으로 만든 구름에 대한 평가는 어느 정도 정당화되었다. 최종 형상은 조금 납작하고 평평하였다. 가벼움과 간명함보다는 긴장감과 공학적인 느낌이 전체를 압도한다. 여기에는 그럴만한 이유가 있었다. 스프렉컬센이 건강 악화로 이 프로젝트에서 하차했다. 라이스의 작품이 건축가의 비평에 대응하면서 지속적으로 세련미를 더해 갈 때 항상 최상에 이르게 되었다. 그는 참여자 모두 최적의 목표 달성에 기여하며 스스로 성숙할 때 프로젝트가 가장 성공한다고 믿었다. 그가 즐겨 쓰는 말 중 하나는 "천재란 많이 참는 자"였다. 이 프로젝트에는 라이스가 실현하려 했던 아이디어를 검토하거나 교감할 경관전문 건축가는 없었다. 그 결과 건축가가 공학적 제안을 거부할 만큼의 건축적 비전이 결여된 설계가 되었다. 이것이 라이스가 산티아고 칼라트라바(Santiago Calatrava)의 작품을 통렬히 비판하는 사유이기도 하다. 건축과 구조공학은 그저 그런 식의 애매한 조합이 아니라 각각의 독특한 성분이 존재하는 혼합이 되어야 한다.

아마도 스프렉컬센은, 이 작품이 매우 복잡하고 미묘한 구조해법을 제시하였다고 알고 있었겠지만, 형태는 자신이 기대했던 것보다 심각했고 경쾌해 보이지 못했다는 것도 알았을 것이다. 스프렉컬센의 후임 건축가는 강렬한 두 형태인 그랑 다르쉐와 뉴아즈를 어떻게 시각적으로 상호교감하게 할 것인가에 대한 통찰력이 없었던 듯하다. 라이스가 남긴 것은 몇 장의 도면과 너무도 적은 수의 어록뿐이다. 피터 라이스는 항상 어록으로 프로젝트를 정의했다. 건축가의 스케치에 구조엔지니어는 고무된다. 정보의 공유, 건축가의 열정적 추진력이 없는 설계팀은 불완전하다.

이안 리치는 프로젝트의 리더인 라이스가 설계안에 대한 비평을 요청하였을 때, 아치라는 속박된 창을 통하여 구름처럼 뜬 것과 경쾌함의 특성을 동시에 성취하기는 어려울 것으로 답했다고 회고하였다. 그러함에도 라이스는 여전히 낙관적이었고, 시간이 지나고 성숙함에 따라 레 뉴아즈는 훨씬 만족스럽고 성공적인 작품이 되리라고 믿었다. 그들은 분명히 자신들만의 매력적인 품격이 있다.

23. 접합상세

강구조의 보부르, 콘크리트구조의 로이즈빌딩은 동전의 양면과 같다. 건물 형상은 판이하게 다르지만 구조 해결의 접근방식의 근본은 동일하다. 건물 외관을 표현하는 스케일과 표면감이 아이디어의 전개방식보다 우월했다. 콘크리트는 일체식 단일재료이고, 강재는 다르다. 보부르의 파사드는 외부에 노출된 강구조이고, 로이즈는 노출콘크리트로 스케일과 표면감을 표현했다.

리처드 로저스와 렌조 피아노는 보부르를 함께 설계한 지 10년 후에 로이즈에서 함께 할 기회가 있었다. 보부르의 접합부를 보면 하중의 전달경로를 육안으로 확인할 수 있다. 거버레트의 기계마감 표면은 다른 부분의 구조와 접합하며, 하중이 어떻게 바닥 트러스에서 기둥으로 전달되는가를 확실하게 하였다. 기둥으로 전달된 하중이 중심축에 근접해 있으므로 편심하중이 적음을 보임은 중요했다. 거대한 베어링은 이를 보증하며, 거버레트와 직경 800mm 기둥 간 하중전달경로를 예측하게 한다. 강관의 원심주조제법의 한계는 800mm이다. 이 기술로 실린더 몰드는 용융강을 부어넣을 때 축을 중심으로 회전하는 용융강의 양이 많을수록 강관은 두껍게 된다.

보부르의 기둥은 전장이 동일 외경으로 모든 접합상세가 동일하다. 기둥으로 전달되는 하중이 상부에서는 작고 하부로 갈수록 커지는 현상에서 원심력주조방식의 강관은 이상적이다. 전층에 걸쳐 기둥을 세장하게 유지할 수 있다. 바닥은 별도로 조립한 강복합트러스, 강구조는 부재를 조립, 부재 크기는 제조 과정과 수송방법에 따라 결정된다.

외부 코너의 접합상세, 로이즈빌딩

콘크리트는 그와 반대이다. 콘크리트는 부어넣어 소성하는 재료이다. 건설 특성에 따라 타설되면서 연속성이 있다.

로이즈를 콘크리트구조로 건설하기로 결정했을 때, 콘크리트 표면과 구성요소의 분리가 필요하다는 리처드의 생각을 따르기 어렵다고 느꼈다. 어떤 이는 로이즈를 콘크리트조 강구조 건물이라고도 한다. 설계 초기에 강구조 외관으로 구상한 것은 사실이나 콘크리트구조로 변경한 후부터는 초기작업을 다른 구조로 바꿀 시도는 없었다. 강구조를 연상하게 하기 위해 눈에 보이는 접합부와 쉽게 인지하도록 하기 위해 콘크리트의 천연 성질을 활용하는 것이었다.

24. 산업과 건축

설계하는 모든 것은 궁극적으로 제작 · 조립 및 건립 등의 산업활동의 일환이다. 서구에서 건설산업은 가장 크고 강력한 산업의 하나이다. 현대건축은 기획자, 건축가, 발명가 및 엔지니어 등의 생산품이라기보다는 발전된 산업의 결과물이다. 이는 현대생활의 모든 면에서도 산업의 힘에 대해 말함은 20세기 후기의 생활을 언급하는 것과 같다. 영국의 지방에 있는 정원이라고 해서 산업으로부터 피난한 것처럼 보이지만 실상 이 또한 산업사회의 소산이다. 잔디깎는 기계는 그렇다 해도 자라는 식물을 살펴보자.

품종을 개량하여 아름다운 색상과 풍미가 있게 하거나 높은 수확과 조기 재배 등을 산업으로 가능하다. 자연적인 것을 포함해서 자연의 선택 과정에서 나오지 않은 생산품이 아닌 것이 없다. 심지어 야생화도 길들여지고 분류되고 개량된다. 관목 더미 속에서 본래의 야생화를 발견한다면 그것이 자연산인지 아니면 식재한 것인지 구분하기 어렵다. 목초지에서 경작지의 밀, 보리, 호밀 등을 본다. 그곳이 엄청난 화학물질을 퍼부은 곳이 아니라 양을 위한 목초지였으면 한다.

효율성에 대한 압력, 정부나 유럽공동체의 정책은 생존을 의미한다. 높은 잠재력을 갖고 있는 땅은 번영을 위해 가능한 구석구석까지 사용해야 한다. 마치 전환점에 새로운 목표물이 준비되어 있어 속도를 내야 하는 경주와 같다. 나는 이러한 상황을 농업으로 표현한다. 그것은 농업이 건설업과 매우 유사하기 때문이다. 야생화는 장인과 같다. 그의 풍부하고 변화무쌍한 공헌은 공동으로 결정한 증기롤러 효과에 의해 황폐화하고 건물이 건설되는 방식에서 재빨리 사라진다. 농업과 산업의 유사성은 더 광범위하다. 넓고 강력하고 그에 맞게 규칙을 조정하라는 압력을 행사한다. 건설을 이해하는 기본적인 특징은 산업의 정치성이다. 건축허가는 정치적인 결정이고, 권력자는 결정하면서 막강한 정치력을 행사한다. 건설업은 상이한 두 영역이 있다. 제조와 현장시공이다. 건설현장에서 발생하는 방법은 빠른 변화를 한다. 미국의 산업현장에서 개발된 고속기술은 우리의 환경변화에 막강한 힘을 발휘한다.

건설속도는 도시의 새로운 지역에 단기간 내 재건축이 가능하다. 이 권력을 변호하며 수정궁(Crystal Palace)이나 빅토리아식 구조물도 단기간에 건설되었다고 종종 말한다. 그러나 당시 대부분의 사람들은 현장에서 일했기 때문에 공사기간 단축이 경쟁적으로 전개되었다. 오늘날에는 기계의 도움으로 도시 전체의 고속건설이 가능하다. 이 산업은 모든 건축환경을 재건설할 수 있다. 방치해도 그렇게 될 것이다. 일본에서의 산업은 다른 서구 국가의 경우보다 정치성이 훨씬 강력하다. 일본은 건설기간을 단축하는 전통이 있는데, 그것은 지진으로 인한 건물의 취약성 때문에 그러할 것이다.

일본에 가보면 건설업이 통제를 받지 않음을 바로 알게 된다. 건물은 의상처럼 패션이 된다. 여러 부지에 매년 새로운 건물을 건설할 수 있다. 믿기 어려운 이 능력은 가속화되고 있다. 이 힘을 흡수하고 통제할 유일한 방법은 복잡성이다. 건설산업이 우리의 에너지를 흡수하고 우리를 차지하려면 필연적으로 더욱 복잡해져야 한다.

25. 스승 오브 애럽

오브 애럽 경(Sir Ove Arup, 1895~1988)은 당대의 유명한 엔지니어로서 1946년에 애럽 사무소를 설립하고, 설계 및 엔지니어링이 달성할 수 있는 한계를 넘은 능력의 소유자였다. 철학적이고, 예술적이며, 비즈니스에 대한 실용적 접근방식을 결합하여 건축설계의 미학과 건설적 측면 사이를 잇는 가교 역할을 한 인물이다.
그는 건축과 공학 사이에 자연적인 경계가 없으며, 협력정신이 이를 극복할 수 있다고 믿었다. 다양한 경력에서 애럽은 컨설턴트, 계약자, 토목 및 구조 엔지니어, 교육이론가, 강사 및 저자로서 많은 역할을 하였다. 피터 라이스는 『An Engineer Imagines』에서 스승 오브 애럽에 대해 다음의 글로 회고하였다.

오브 애럽의 캐리커처

구조공학 분야의 아버지와 같은 오브 애럽에 대한 이야기를 하지 않고서는 현재의 나를 제대로 설명할 수 없다. 나는 그에게서 많은 영향을 받았고 애럽사무소에 입사했을 1956년 당시 그는 이미 나의 스승이고, 상사였다. 애럽은 야망에 불타는 젊은이들로부터 존경받는 신화적 존재였다. 헤밍웨이의 『노인과 바다』에서 노인이 자신의 지혜와 목표를 실감나게 들어냄으로써 강한 인상을 받았었는데, 오브 애럽은 그 노인의 모습을 연상케 하였다. 내가 애럽사무소를 택한 것은 그 회사에서는 나 같은 괴짜라도 적응할 수 있다는 소문 때문이었다. 구조 엔지니어는 지금이나 그때나 재미 없는 직종이다. 자신이 하는 일을 철저히 알아야 하고, 자연스러워야 한다. 나는 우연히 엔지니어가 되었다. 공학에 대한 원초적 본능 없이 그냥 시험삼아 택한 것이었다. 애럽사무소의 사내 분위기에서 계속 일할 수도 있었다. 그 분위기 어디서 유래한 것일까? 아무래도 '상사의 기질'이 그 원천임이 분명했다. 애럽사무소는 직원의 태도와 성실성을 명확히 규정했다. 거리가 떨어진 그의 6층 집무실에서 아래층으로 퍼져 나갔다.

그 회사에 근무했어도 그와의 개별 접촉은 어려웠다. 그와 오랜 동료들과의 약속으로 점철되어 있어 직접적인 만남은 거의 불가능했다. 나중에 안 일이지만 그는 자신의 철학을 온화하게 표현했고 하루하루의 주요 이슈를 화제로 삼았다. 가톨릭 분야에 관심이 많았다. 그는 엔지니어가 사회에서 자신의 역할을 알면서도 책임지려 하지 않는다고도 했다. 그가 말년에 자신의 관심사인 20세기말 곤경에 처한 인간 군상에 대한 글이 우리 세대에 전해졌다. 나는 곧 그 글을 나의 것으로 하였다. 여기서 그가 타계하기 전에 강의한 2개의 글을 발췌하여 소개한다. 조경은 과거에 자연스럽고 도시적인 형태 안에서 생겨났었다. 작게 구획된 땅을 제외하고는 인간이 계획한 것이 없었는데 기술혁명이 모든 것을 바꾸었다. 인간은 자연과 싸워 승리했고 정복한 영토를 지배해야 하는 부담도 있다. 자연은 조경, 도시조경을 제공한다.

조경과 도시조경이 인간의 욕구를 충족하도록 세심하게 설계해야 하는데 그렇지 못하다면 자연을 무자비하게 파괴할 것이다. 과거에도 앞으로도 말이다. 경종은 이미 울렸다. 오염, 인구 증가 등의 뉴스, 전쟁이 계속되고 있다. 인간의 위기이다. 좋았던 과거로의 회기를 원하는 사람들은 과거로 통하는 길이 이미 닫혔다는 소식을 듣게 될 것이다. 강의 당시의 상황이 오늘날에도 그의 탁견이 구체화되고 있다. 오브 애럽은 "현대는 과거 엔지니어가 한 일이 실질적인 건축이었음을 새삼 발견하고 있다. 지금은 교량, 공장 등 그 외 모든 것이 건축으로 인식한다. 주택도 마찬가지다. 지어진 모든 것은 건축이다. 건축가가 감동하는 그러한 정신은 인테리어설계, 가구배치를 포함해서 도시계획과 조경에 존재한다. 인간이 사용하는 모든 것을 설계하여야 한다. 그러한 모든 영역에 헌신적인 엔지니어라면 예술의 본질인 신비한 정신적 자질을 나타내려는 노력을 해야 한다."라고 했다.

애럽은 나이가 들어가며 20세기에 닥칠 인류의 위기에 대한 큰 관심을 가졌다. 아마도 그는 젊어서부터 건축가와 엔지니어와의 의사소통이 필요함을 느꼈을 것이다. 그것이 문제를 해결하지 못했다. 우리는 엔지니어로서 순진한 추종자인가 아니면 책임자인가? 이것이 1993년 9월 그가 88세에 받은 '기술대상(Fellowship of Engineering)'의 주제였다. "좋아하는 일에는 영리하지만 해야 할 옳은 일을 행함에는 뒤쳐져 있다. 발전된 기술로 인해 우리의 선과 악이라는 거대한 힘으로 강요받아서 우리에게는 축복을, 인류와 지구에게는 해악을 끼친 셈이다. 어떻게 사용하는가의 결정은 엔지니어의 몫이 아니었다. 그러나 엔지니어는 세계의 시민이자 설계팀의 일원이다.

설계팀은 만들 대상을 결정하고, 일의 진행과정이 인류에게 어떤 결과를 낳는지를 판단하는 유리한 위치에 있다. 만약 그들이 우리가 해야 할 일에 대해서만 말하고, 우리의 행위로 발생할 위험한 상황을 우리에게 말해 주지 않는다면 세계 시민으로 의무를 다하지 못하는 것이 아닌가?" 그는 그렇게 호소하며 끝을 맺었다. 주목할만 하였다. 88세의 고령이었으나 열정은 젊은이 못지 않았다. "나의 희망은 교육을 잘 받은 소수가 교육을 덜 받은 다수를 끌어안기 위해 세계적 혼란을 초래하지 않고 코스를 변경하는 방법을 제시하여야 한다는 것이다. 그렇게 하여 가장 어려운 상황이 될 수도 있다. 그것은 서서히, 그리고 통제된 과정이어야 한다. 성패는 코스 변경의 당위성에 대하여 관련자 모두의 확신에 달려 있다. 흐름의 중간에서의 U턴은 위험과 어려움을 피할 수 없다. 단순하게 슬로건을 내건 광신적 평화론자의 도움은 필요하지 않다. 그들은 혐오와 파괴로 세계평화를 이룰 수 있다고 믿는다. 파괴는 쉽지만 건설은 어렵다.

많은 사람이 이해하고 동의할 슬로건이 필요하다. 선한 심성에 호소해야 함이 핵심이다. 내 생각으로는 우리의 정치가는 이를 선용하지 못하지만 유능한 지도자가 나타나 이를 추진할 용기가 있다면 그 힘은 막강할 것이다. 냉소나 혐오로 이상을 망칠 수 없다. 결국, 모든 것은 우리 자신의 완전함에 달려 있다. 오브 애럽은 자신의 명예에 연연하지 않았고 자신이 창조한 왕국을 계속 살피고 지켰다. 그리고 우리를 걱정했다. 자신에게 길고 다양했던 삶, 그를 통해 남긴 업적에 끝까지 충실했다. 만약, 이 책을 쓰거나 내가 이룬 일에 오브 애럽이 밝혔던 문제 해결에 도움이 된다면 나에게는 자랑스런 업적이 될 것이다.

나의 스승인 거물 오브 애럽은 지금도 여전히 나를 압도하고 있다.

V. 두 평전에서의 라이스

26. 안드레 브라운, 현대건축에 공헌한 피터 라이스

■ 구조공학과 건축

탄생, 성장, 성취, 그리고 평가

피터 라이스가 태어난 아일랜드의 소도시 던독은 피터에게 구조공학과 건축 분야에 어떠한 긍정적 영향을 줄 수 있는 환경을 갖춘 곳이 아니었다. 누군가가 그 도시의 건물과 풍경을 화폭에 옮긴다면 그 그림은 창백하고 어두운 회색의 좁은 스펙트럼으로 채워졌을 것이다. 이렇게 믿기 어려운 출발선에 있던 그에게 그의 천부적 재능은 특별한 가문이나 사회적 영향 때문도 아니었다. 우연히 구조공학을 공부하게 되었고, 1956년에 애럽사무소에 재직중에도 학업을 계속하여 공학사 학위를 취득했다. 애럽사무소에서의 1년 후, 임페리얼 컬리지의 대학원 후과정을 수료하고, 1958년 애럽사무소에 재입사했다. 그는 젊은 시절 한때 영화제작자가 되려 했으나 결국 구조공학 분야에 자신의 일생을 묻었다. 이것이 다른 사람의 이야기였다면 후에 천부적 예술 재능이 개화할 전조라는 등 말잔치가 되었겠지만 피터는 그렇지 않았다. 그에게는 이미 일어난 일이었고 스스로 지웠거나 바로 나타났을 뿐이다. 그의 명성이 높아가고 주변의 찬사가 한창 쏟아질 때 그 자신이 진정으로 자축하고 싶었던 것이 있었다. 그렇게 되기까지의 긴 여정은 그의 출발선과는 사뭇 달랐고 전혀 기대하지 않았던 방향에서 시작되었다.

라이스의 첫 주요 프로젝트는 시드니 오페라하우스였다. 그의 수학적 재능을 인정받아 전산팀 소속 초급엔지니어로 발령을 받은 후 이중곡면 지붕을 결정하는 일에 7년여를 전념했다. 1963년 영국 애럽사무소의 젊은 그룹과 함께 시드니 프로젝트의 현장주재 구조엔지니어로 참여한다. 이것이 라이스에게는 매우 중요한 변화의 계기가 되었다. 시드니에서 일하면서 덴마크의 건축가 요른 웃존(1918~2008)에게서 많은 것을 배우고, 그후 그를 가장 존경하고 흠모하게 되었다. 시드니에서 수년간 그는 오페라하우스 건설에만 참여한 것이 아니었다. 그는 주변환경을 인지하고 건축가와 구조엔지니어가 함께 무엇을 이룰 수 있는가에 대한 갈증과 상념이 그의 의식에 자리를 잡아가고 있었다.

건축을 개념적으로 이해하는 것이 얼마나 중요하며, 자연현상이 매우 복잡하다는 것을 건축가 요른 웃존에게서 배웠다. 오페라하우스가 형태를 갖춰가는 과정을 보며 건축가의 의도가 물리적으로 가시화되어감을 보고 한 건축가의 특별한 역할 및 기술적 재능의 중요함에 더욱깊은 존경심을 갖게 되었다. 그 건축가에 대한 존경은 향후 구조엔

오페라하우스

지니어가 평생 간직한 바이블이 되었다. 힘들고 심적 부담이 컸던 오페라하우스 프로젝트를 마친 후 미국 코넬대학에 연구원으로 1년간 연구할 의사를 본사에 청원하였다. 잭 준즈는 피터 라이스가 미국의 여러 유명 공과대학에 보낸 편지에서 자신이 원하는 바와 최선의 것을 보고 싶은 희망을 기술했다고 회고하였다. 중요한 것은 그가 공부를 더하고 싶었다는 사실이다. 라이스의 편지에 미국 대학에서 보내온 답신은 기대 이하였다.

그가 쓴 편지에는 마치 그가 바로 눈앞에서 말하는 것 같았다. 한 예로, "저는 구조문제를 수학적으로 해결하는 방법을 공부하고 싶습니다. 구조문제를 해결해 온 기존의 방정식 원리를 보다 철저히 이해할 수 있다면 결과적으로 주어진 상황에 합당한 해법과 좋은 구조요소를 찾을 수 있다고 생각합니다."

레 뉴아즈

1967년 32세의 라이스에게는 특별하고 독특한 재능이 있음이 입증되었다. 1968년 미국에서 1년간의 연구를 마치고 돌아와 국제적 명성의 건물과 창조적인 관계로 발전하는 과정을 거친다. 건축가 프라이 오토와 일하면서 경량구조에 대한 필생의 관심을 갖게 된다. 피터 라이스의 국제적 명성이 보부르와 함께 찾아왔다. 렌조 피아노, 리처드 로저스와 프로젝트를 함께 하며 맺은 우정은 평생 지속되었다. 보부르는 오페라하우스처럼 별도의 설명이 필요 없는 도시의 아이콘이자 생생한 건축작품이었기에 구조엔지니어이면서 건축가인 피터 라이스에게 주요한 경력이 되었다.

라이스는 보부르 프로젝트에서 얻은 명성과 찬사를 배경으로 스탠스테드공항에서 노먼 포스터와 루브르 유리피라미드에서 I.M. 페이, 라 빌레트의 조각 구조물에서 베르나르 츄미, 파리 그랑 아르쉐의 J.O. 스프렉컬센, 그리고 라 빌레트의 투명하고 생태기후학적 파사드에서 아드리앙 팽실베르 등의 유명 건축가들과 함께 많은 프로젝트를 경험한다. 그는 프로젝트마다 다른 건축가와 함께 다른 방식으로 일하면서 원칙으로 한 것은, 구조공학은 건축가가 신이 나도록 하는 촉매제 역할을 해야 한다는 것이었다.

그와 함께 했던 건축가들은 자신들의 아이디어가 실현가능했던 것은 피터 라이스와 함께 하였기에 그러했음을 인정했다. 그는 초급엔지니어에서 임원에 이르기까지 실무경력이 모두 애럽사무소와 관련 있다. 그렇게 간단하게 말함은 일반 회사처럼 직급이 오르면서 겪는 피상적인 것으로 오인할 우려가 있다. 그러나 그것은 실상과 거리가 있다. 그는 보부르의 성공 이후 렌조 피아노와 영국 - 이탈리아 파트너십을 결성하고 특수한 프로젝트의 수주를 목표로 하고, 일하는 방식도 독특했다. 그후 라이스는 구조엔지니어 마틴 프랜시스, 이안 리치와 함께 RFR을 설립하고, 여전히 애럽사무소 소속으로 렌조 피아노와 가깝게 지냈다. RFR과가 세운 목표는 창조적 프로팀으로서 특수 프로젝트를 새로운 방법으로 해결하는 것이었다. 그는 이렇게 실험적 실무에 대한 열정과 함께 원로 스승인 오브 애럽에 대한 숭배는 여전하여 그를 '구조공학의 아버지'라 하였다. 1956년 그가 애럽사무소에 입사할 당시에 오브 애럽은 '그 어른(The Old Man)'이라는 별칭이 있었다. 라이스가 구조를 배우려 애럽사무소를 선택한 것은 창업자의 구조에 대한 열정과 자세 때문이었고, '자신과 같은 괴짜가 적응할만한 곳이라고 들었기' 때문이었다.

라이스가 애럽사무소에 입사할 당시 자신이 구조엔지니어가 되기를 진심으로 바랬었는지는 확신이 없었으나 분명한 것은 그의 마음 속에는 구조엔지니어가 된다면 보편적이 아닌 독특해야 한다는 것이었다. '그 어른'은 사무소의 큰 조직을 유연하게 관리하며 라이스의 재능을 살리고 방심하지 않고 불에 기름을 부은 듯 활활 타는 열정을 포용하였다. 후에 라이스는 회사의 그런 분위기 덕에 자신이 '생존'할 수 있었다고 하였다. 80세 후반의 '그 어른'은 구조와 엔지니어의 사회적 역할에 대한 젊은 열정을 간직하여 피터 라이스와 같은 젊은 엔지니어가 흡수할 수 있게 하였다. 1970년 '그 어른'은 왕립예술협회의 알프레드 블로섬 강좌 '피터 라이스의 신념'이라는 주제 강연회에서 연설했다.

"모든 건축물은 피조물이다... 인간이 어떤 목적으로 만든 피조물은 설계에 의한 것이었다. 주어진 여건에서 엔지니어는 예술의 정수인 신비스러운 정신적 가치를 찾아야 한다."라고 하였다. 거물 오브 애럽은 사회에 관심을 가진 지성인이었다. 90에 가까운 나이임에도 구조엔지니어 역할을 열정적으로 설파했다. 1983년, 명예회원(Fellowship of Engineering)에 보낸 연설문에서 애럽은 "이상은 현실에 맞게 조율되어야 하지만 그렇다고 냉소나 혐오로 점철되어서는 아니 된다. 모든 것은 우리 자신의 성실함에 달려 있다."라고 하였다. 피터 라이스는 오브 애럽과 실무를 함께 한 적은 없었지만 그의 주장을 내내 마음 속에 간직했다. 애럽의 주장과 철학은 라이스를 떠난 적이 없고 설계인생을 구축한 기초가 되었다. 구조엔지니어는 신실한 신자와 같은 자세로 보다 넓은 사회, 그리고 설계팀 내 모든 사람에게도 의무감과 업무의 중요함을 인식하여야 한다고 하였다.

라이스와 함께 한 모든 건축협동자들은 라이스가 업무에 대한 대단한 기술력을 갖추어서 주변에 건축적 아이디어를 항상 풍부하게 했다고 했다. 그리고 라이스와 함께 한다면 건축을 향한 불꽃이 항상 밝게

타오를 것이라는 점도 그러했다. 프랭크 스텔라는 그로닝겐 박물관에서 복합적이고 특수한 지붕 아이디어의 구상에 라이스와 함께 일한 경험으로 '한 번은 운전대를 또 다른 한 번은 이미지를 잡고, 피터는 힌두교의 크리슈나 신처럼 곡예하며 실무와 건설공사비라는 장애물과 부딪치고 우리가 원했던 대로 건설할 수 있었다.' 리처드 로저스도 라이스는 항상 낙관적이고 새로운 도전에 응전할 준비가 되어 있으며, 자신의 영역을 한 치라도 넓히는 책임감을 통절하게 느끼는 '진정한 거장'이라 하였다.

■ 구조엔지니어인가, 건축가인가

피터 라이스는 '건축가인가? 아니면, 구조엔지니어인가?' 또는 '건축을 하는 구조엔지니어인가?' 등의 질문을 가끔 받았다. 심지어 한 언론기자는 피터 라이스를 추모하는 기사에서 피터 라이스를 20세기 후반의 위대한 건축가로 보아야 한다고 할 정도였다. 그러나 그것은 라이스가 무엇을 창조하였으며, 또 다시 재현할 수 있다는 점을 간과한 것이다. 세상은 라이스와 같은 건축가보다는 그와 같은 구조엔지니어를 필요로 한다. 라이스는 건축가와 구조엔지니어의 공생관계에서 최고 수준의 건물이 나올 수 있다고 강조하였다. 라이스는 엔지니어는 객관적 사고와 발명가적 자질로 주체적이고 창조적인 건축가와 함께 일함이 이상적이라고 주장하였기에 '건축하는 구조엔지니어'란 호칭에 강하게 반발하였다. 라이스는 프랑스어에 그러한 의미를 갖는 '설계'란 단어가 없음을 못마땅해 했었다. 프랑스어에서 '설계'는 영어의 '설계'라는 뜻보다 '도면'이란 의미로 많이 쓰이므로 그는 프랑스어 '창조(createur)'를 선호하였다. 내키지는 않았지만 영어의 '엔지니어'에도 유념하였다. 그가 프랑스와 이탈리아 양국에서 활동하였으므로 프랑스에서는 '엔지니어'라는 용어가 앵글로색슨지역인 영국보다 비교적 덜 엄격하게 사용되고 있음을 알았고, 설계단계에서 엔지니어가 유념해야 할 중요한 과제의 하나인 엔지니어 역할에 대한 사회인식이 점차 변하고 있다고 보았다. 대부분의 엔지니어는 의사결정이나 구조계산 업무에서 설계기준 등에 대한 지식과 정보의 활용에 집중하고 있음을 인지했다. 구조엔지니어가 설계과정에서 유의해야 할 것은 자신의 역할에 대한 인식을 바꾸는 것이라고 보았다. 프로젝트는 항상 새로운 생각으로 출발해야 한다고 했다. 그는 구조부재를 세장하게 처리하는 것만으로는 만족하지 않았다. 그것은 세장부재가 건축적 의도에 부합하는지와 전체적인 해결 방향과 일치하는지, 건축적 요소에 적절한지를 먼저 파악해야 하기 때문이다.

그는 작품활동을 하며 동시에 세 가지 역할을 하였다. 그의 경력에서 그 순서를 보면, 첫째, 여러 분야의 전문가가 있는 팀 내의 보편적인 구조엔지니어로, 둘째, 새로운 재료를 다루는 특별한 기술이나 그 재료에 대한 개념적 아이디어를 터득하고 프로젝트에 특별한 예견할 수 있는 재료 전문가로, 끝으로 여러 건축가 - 엔지니어로 구성된 도전하는 조직내 파트너, 즉 렌조 피아노와 같은 건축가와 협동하는 파트너의 역할이다. 그가 이러한 방식으로 일하였으므로 전혀 다른 건축을 창조하게 된 것이다. 어떠한 경우라도 구조는 원칙적으로 건축적 의도를 우선적으로 살려야 한다는 신념을 고수하였다. 그러한 예는 적지 않다.

그가 설계한 어떤 건물을 보아도 건축가와 합심하여 건축 아이디어를 쌍두마차처럼 이끌었다. 보부르도 그러했다. 이러한 점은 무작위로 택한 그의 어떤 프로젝트에서도 설명이 가능하다. 밝은 빛을 내부공간에 들게 하려 지붕에 원형 천창을 두었고, 외기 유입을 위해 적절한 환기시스템을 택하였다. 이 개념은 중정 건물에서는 고전적인 수법에 속한다.

신개념의 강구조의 솟은 정점을 기존 석조건물의 정상에서 만나게 함은 건축과의 멋진 결합이었다. 라이스는 스케치에서 이 교차가 보이도록 하여 옛 것에서 새로운 것으로의 전이를 분명하게 하여 이를 감추거나 애매하게 하지 않았다. 이 루브르 중정구조물의 품격을 높이는 미묘한 터치가 있다. 건축가 이안 리치는 “라이스는 루브르 중정의 지붕구조에서 프랑스의 수학자이며 철학자인 장 르 론담베르가 정의한 광원과 지면 사이에 존재하는 한 물체가 만들어낸 그림자 선의 분사에서 부재 크기를 정했음을 관찰하였다.” 라고 회상하였다. 구조물로 인한 빛과 그림자의 품질에 관한 것은 구조부재의 크기를 정하는 법을 다루는 것은 어떤 종류의 교과서에도 나와 있지 않았다. 그러나 라이스의 설계에서는 이러한 내적 상관관계가 동시에 주의를 끈다. 라이스는 엔지니어로서 어떤 역할을 할 구조물의 배치를 가볍게 하지 않았다. 건축적인 것과 공학기준 모두에 적합한 대안을 냈다.

라이스는 자신의 경력이 쌓여가며 이러한 철학과 접근방식을 열정적으로 택했다. 구조엔지니어로서 유연하고 유능한 역할이 발전되도록 하였고, 동시에 건축적 해법을 모색함에 있어 구조엔지니어의 안이한 자세를 비난했다. 구조공학 분야의 그러한 자세가 어설프고 결국은 건축적 창의성을 죽이는 이성적 논쟁을 계속하고 있음에 실망하고 분노하였다. 라이스는 남극과 북극처럼 정반대의 입장에서 점진적으로 접근하는 방식으로 끌어갔다. 그는 건축가보다 건축적 영감을 주는 권한을 원했다. 건축적으로 풍요롭게 창조할 기술적 해법을 모색하고 연구하는 과정 자체를 즐겼다. 건축가에게는 분명 구조엔지니어가 넘볼 수 없는 특별한 기술영역이 있는 반면 구조엔지니어에게도 건축가가 대신할 수 없는 특별한 기술 분야가 있다고 믿었다. 그리고 건축가와 구조엔지니어가 프로젝트에 착수하는 날부터 발주자에게 인계하는 날까지 상호간 아이디어의 교류와 토론을 지속하여야 한다고 하였다. 그것이 라이스의 최소한의 기준이었다. 피터 라이스는 구조엔지니어로서 두 가지를 원했다. 하나는 구조엔지니어로서의 역할과 신분을 사회적으로 보장받는 것, 즉 앵글로색슨 문화권 내 설계시장에서 정당하게 인정을 받는 것, 다른 하나는 자기 자신이 뛰어난 구조엔지니어가 되는 것이었다. 그의 두 번째는 확실하게 성취하였으나 첫째 바람은 이후 다른 구조엔지니어들로 하여금 더욱 활용하고 확장해야 할 길을 개척한 결과가 되었다.

■ 건축과 구조공학에 공헌

라이스는 구조엔지니어로서 건축 분야에 공헌했다. 그 증거는 그와 함께 한 여러 인사들의 글, 그가 설계한 건물, 그가 수상한 RIBA금메달 등이다. 철학적 관점에서 우리는 그가 1970년대 후반에서 1990대 초까지의 걸출한 건축가그룹이 건축 분야를 인식하고 개량함에 결정적 영향을 끼친 역할을 하였음을 잊어서는 안 된다. 그것은 라이스가 기술적 노하우는 물론 고도의 기술철학을 지탱할 구조기술력을 갖추었기에 가능하였고, 건축에 대한 공헌도 그 이상이었다.

그것은 그가 설계팀원에게 구조와 기술간 상호작용, 구조공학이 어떻게 건축 발전을 독려하는가에 대한 자신의 생각을 쉽게 설명하였기에 가능하였다. 엔지니어에 대한 공헌 또한 적지 않았다. 그와 함께 일한 젊은 엔지니어들은 복잡하거나 특수한 구조적 접근방식에 대한 설명과 해석에 어려움을 겪는 사람과도 함께 일했다. 라이스는 진정성과 융통성을 갖고 공유하되 강요하지 않았고 그러한 접근방식대로 처리했다.

또한 그는 대체로 온건한 성품이었으나 특별히 추구할 목표나 프로젝트에 대해서는 자신의 견해를 분명히 했다. 발주자나 설계팀원이 프로젝트에 대한 선입관이란 족쇄를 푸는 것, 실험과 새로운 아이디어를 시도할 수 있는 것, 보편적인 것에 도전, 강제된 보편성이 도전받는 것 등등이 더 좋은 대안이었음을 말해준다. 라이스 자신은 보편적인 앵글로색슨식 엔지니어보다는 전략가나 전략적 사고를 하는 편이라고 하였다. 전략적 사고를 하는 사람은 평생에 걸쳐 개발한 특별한 건축의 고품질을 단숨에 설명할 수 없다. 논거의 기준이 무엇이고, 문제를 보는 방식에 대하여 동료들에게 설명할 수 있었음이 존경을 받는 성품이다. 피터와 함께 한 젊은 구조엔지니어는 그가 어떻게 일을 처리하는가를 관찰하며, 문제점을 파악하는 법을 보며 이러한 문제가 어떻게 창조적인 방향으로 해결되는가를 점차 터득하게 되었다고 한다.

노먼 포스터의 BBC방송국 프로젝트에서 라이스를 돕던 제인 웨르니크의 사례를 보자. 파사드 유리벽 관련 회의에서 유리벽이 장력을 받는 케이블 위에 놓이게 되어 완성되면 라이스의 트레이드마크가 될 것이었다. 보기에는 복잡해도 후에 라이스의 특성을 나타낼 것이었다. 라이스가 자전거 바퀴 같은 형상의 지지구조를 방사선형 대신 교차형 연결재로 구상해 보라고 제인 웨르니크에게 요청하였다. 그의 의도가 분명했으므로 바로 구조계산 단계에 들어갔다. 설계과정은 반복되었다. 라이스는 설계가 회전목마처럼 반복되지 않음을 확신하게 하는 것이 구조엔지니어가 할 일이라고 하였다. 만약, 구조엔지니어가 구조부재의 단면을 줄이기를 거부한다면 건축설계가 난관에 봉착할 수 있다.

그래서 그는 설계란 일어날 수 있는 모든 경우에서 문제가 해결되거나 그 문제에 대해 어떤 방식이든 간에 해법을 동원하면 해결이 될 것임을 알기에 가능하다고 하였을 것이다. 절충주의란 구조공학이 잘 적용될 수 있도록 풍부하고 다양한 기초가 된다. 그는 자신이 갖고 있는 폭넓은 자료 및 깊은 관심을 가짐으로써 영감을 얻는다. 프로젝트에 따라 접근방식이 달랐다. 최상의 건물이 될 수 있다고 믿으면 가능한 모든 방법을 동원했다. 바로 그렇게 하는 것이 문제를 해결하는 열쇠였다. 프로젝트 성격, 타 분야 전문가와의 관계, 새로운 것과 개인적 관심을 추구하는 그의 열망은 당연히 최종적인 성과에 지대한 영향을 미쳤다. 그것이 피터 라이스 작품을 결정하는 가치이며, 그가 설계한 많은 건물이 창조적이고 영감을 불러일으키는 이유이기도 하다. 그러나 그 가치로 인해 그의 작품을 한 권의 책 또는 하나의 장에서 깔끔하게 정리하는 것도 간단치 않다. 또한 그의 작품을 연표나 일정한 주제를 기준으로 산뜻하게 정리함도 쉽지 않다.

■ 프랑스, 프랑스어

프랑스

라이스는 프랑스에서 일하면서 그 나라에 많은 매력을 갖게 되었다. 그 중 하나, 프랑스에서는 구조엔지니어에 대한 인식이 영국과 다르다는 것이었다. 이는 산업 및 일반 공공 분야에서는 매우 중요한 것으로 발주자도 마찬가지이다. 영국에서 전문가의 책임은 그 분야를 정리하여 구분하고 이질적 분야와의 교류를 억제하는 것처럼 인식하고 있다. 그러나 프랑스에서는 구조엔지니어라는 존재를 단순히 설계과정에 참여하는 것 이상의 역할을 부여하여 참여하는 여러 기술의 각 분야가 상호교류할 수 있는 특별한 기술을 설계에 도입할 수 있는 기술자로 인식하고 있었다. 라이스는 자신이 구조엔지니어로 분류되어 구조엔지니어에게 주어지는 영국적 관행보다 광범위한 설계 역할을 의미하는 '지오메터(geometre)'라는 단어를 선호했다. 그는 영국이 구조엔지니어의 역할을 속박하고 제한함으로써 창조라는 용광로에서 중요한 요소를 잃어버리고 있다는 사실에 동의하였다. 창조적인 설계환경은 영국(또는 라이스가 언급한, 앵글로색슨계)에서는 재생하기 어렵다고 보았다.

창조적 설계환경에서 폭넓게 일할 자유를 가진 인물로 프랑스의 장 퓌로베, 이탈리아의 네르비를 구조엔지니어 - 디자이너로 꼽았다. 피터 라이스는 프랑스 구조엔지니어 장 퓌로베의 작품을 자신의 저서에서 1개의 장을 그에 대한 서술로 채워 칭송하였다. 여기서 장 퓌로베의 원천적 고품질을 설명하며 구조엔지니어를 다음과 같이 칭송하였다. - '그는 한 개인이었다. 창조적이었고 발명가였고, 자신을 표현했다. 그는 사물이 어떻게 기능하고 어떻게 제조되었으며 재료가 어떻게 쓰이며 예술의 근저로 어떻게 사용되는가를 파악함을 즐겼다.' - 이러한 라이스의 견해에도 불구하고 아직도 건축가는 예술가로, 구조엔지니어는 달리 인식됨이 보편화되어 있었다. 라이스는 적절한 설계해법이 무엇인가라는 질문에 대해 구식적인 답을 하는 구조엔지니어에게는 비판적이었다.

그는 영국이 전문가의 위상 유지에 많은 시간과 노력을 낭비하며 편리와 상호소통을 어렵게 하는 자기방어를 하고 있다고 보았고, 참호에 몸을 숨기며 창조적이기를 포기한다고 생각했다. 그는 산업체와 기술단체가 할 수 있는 것, 그리고 해야 할 것을 속박하는 일반적인 경향이 있음을 보았다. 이러한 견해는 라이스가 결정한 새로운 재료와 우아한 구조형태에 관한 실험을 설명하는 데 도움이 된다. 구조엔지니어가 의도적으로 그 고정관념에 도전하고, 설계과정에서 나타나는 중요하고 독특하게 공헌하는 잠재력을 그 울타리 밖에서 모두 발현하게 하는 과정이다. 이것은 라이스가 영국 구조엔지니어의 눈을 통하여 갖게 된 견해이다. 그가 프랑스식 업무처리방식이나 문화적인 제도를 찬양하였음에도, 그의 앵글로색슨식 유산에 대한 어떤 견해가 아직 남아 있었다. 그의 프랑스 친구들은 라이스가 RFR에서 몇 가지 면에서 이해하기 어려웠다고 했다.

예를 들어, 프랑스의 건축가와 구조엔지니어는 머리를 산뜻하게 빗고 좋은 양복을 말쑥하게 입고 있는데, 피터 라이스는 구멍난 소매에 과일 껌 봉지에서 뗀 듯한 색깔의 점퍼 차림일 것이라는 식이다. 프랑스식 책상은 작은 서류철로 나누어 분류한 내용이 잘 정리되어 있는 반면에 라이스의 것은 책, 종이, 모형, 사진, 팩스 용지, 컴퓨터 출력지 및 잡다한 것으로 마치 화산이 폭발한 것처럼 널려 있다는 식이다. 그러나 그 화산폭발로 분출된 것은 그의 동료들이 먹고 살 풍요로운 정보였고, 영양가 높은 물줄기였다. 그에 함께 따라 온 것은 사고와 창조성이 명백하고 조직이 잘 되어 있으며, 형태가 잘 잡힌 것이었다. 그것은 아마도 그가 수학에 대한 재능과 함께 혼돈이론에 열정을 가졌기 때문이라고 어렵지 않게 생각할 수 있다.

프랑스어

프랑스어에는 설계의 본질에 대한 그 무엇이 있다. 그것이 라이스가 일하는 방식에 영향을 끼쳤다. 프랑스 용어에는 설계의 원천적 품질을 설명하는 몇몇 용어가 있는 반면, 영국은 설계자가 중요한 설계 의도를 전할 때 '도면 drawings'이라는 용어를 쓴다. 프랑스 건축가 알랭 사파르티가 자신의 작품을 설명하는 용어로 '도면'보다는 분쟁 44

시의 법적인 무게가 실린 용어이어야 한다는 것이 그의 시각이다. 그의 주장은, 만약 어떤 건물이 글로 서술할 만한 질적 수준에 이르지 못했다면, 설령 그 건물이 도면과 같이 보였더라도 시공자를 포함한 여러 관계자들이 설계 요구조건의 충족에 실패했을 것이다.

다른 프랑스 건축가의 인식을 보자. 르 코르뷔지에가 자신의 건축 신념을 그의 정밀성이란 논문에서 어떻게 서술했는지 살펴보자. 새로운 설계 아이디어가 무엇인지를 설명함에 있어서 가장 중요한 것은 '서술(words)'이다. 르 코르뷔지에는 '경제성, 사회성, 그리고 기술성'이라는 주제로 주의해야 할 초점에 세 영역이 있다고 했다. 설계의도를 확실히 설명할 수 있는 것은 '도면'이 아니고 '서술'이라 했다. 르 코르뷔지에가 설계목표일람표의 최상단에 올릴 두 용어 '표준화'와 '산업화'는 아무런 가치가 없으나 라이스의 다른 목표일람표의 최상단에 그 두 용어가 올랐을 것이다. 그에게는 탈공업화, 3차원 형식의 일람표 최상단에 이 두 단어가 있을 것이다. 그러나 요점은 프랑스에서는 설계의도를 전하는 열쇠가 서술과 언어에 있다는 것이다. 라이스와 함께 일해 본 여러 사람들은 라이스는 자신의 설계의도를 말로 설명해야 할 때에도 최선을 다했다는 사실을 자주 언급했다. 라이스는 설계 과정에서 말이 중요한 역할을 한다는 사실과 그것에서 헤어나지 못하였음을 솔직히 인정했다. 건축가 프랭크 스텔라는 도면이 원했던 의사 전달에 실패한 예를 들었다. 그러나 한 번은 라이스가 설계자가 설계할 대상을 꼬인 잎사귀처럼 생각해서 구조를 핵심적인 설계 아이디어에서 찾을 수 있다는 견해를 들은 적이 있었다. 이 점에서 도면은 위치와 크기를 알리는 기준점이 되었다.

피아노와 라이스가 보부르 이후 프랑스어를 소통어로 택한 것에 주목해보자. 두 사람은 프랑스에서 일하면서 프랑스어가 영어보다 풍부하고 자유스러움을 알았다. 파리가 근거지인 건축가 폴 앤드류도 라이스와의 협업 과정에 대해 설명하기를 '한 프로젝트의 이유를 함께 조사하면서... 아이디어, 형태 및 재료의 세계로 트인 길을 함께 따라 가고... (떨어질 수 없을 때까지)... 우리가 개발하고, 이해하고, 정의하고, 그리고 마침내 건설할 프로젝트에 관해 앤드류도 프랑스어로 함께 토의하였고, 그 언어야말로 새로운 아이디어와 새로운 길을 찾고 프로젝트를 이해하는 매개가 되었다. 프랑스어로 토의하면서 앤드류는 라이스에 대하여 다음과 같이 기억했다. "... 때로는 그가 자신이 말할 용어를 고르면서 용어를 바꾸어 갔다. 용어의 불완전함이 오히려 새롭고 중요한 의미를 갖게 하였다. 그가 '기민하다'라고 말할 때는 킬로나 톤 등의 용어는 실용적이 아니고 우아함과 정적 움직임에 대한 것이었다."

■ 주제와 영향

작품 분류와 정리

라이스 작품에서 그의 기술이 성숙해짐에 따라 보다 강력해진 공통 주제가 있다. 그 주요 주제는 건설자재(materials), 전산수학(computational mathmatics) 및 미스터리(mystery)로 요약되는데, 라이스가 공학 분야에 입문할 때 이미 그의 정신에 자리잡고 있었을 것이다. 그는 시드니 오페라하우스에서 영감과 아이디어와의 상호연관과 잠재력(potential)의 활용을 경험하였다. 1971년 보부르에서 라이스는 그러한 주제를 활용하여 건축가의 의도를 돋보이게 할 준비가 되어 있었다. 그는 보부르부터 다른 프로젝트에 이르기까지 세 주제를 다른 각도로 사용하였다. 세 주제는 그의 목표를 분명히 하고, 그의 접근방식이 성숙되어감을 증거할 창작활동을 가속화하는데 초석이 되었다.

건설자재

피터 라이스는 애럽사무소 내 건설자재 전문가인 터얼로 오브라이언의 도움을 평생 고마워했다. 오브라이언은 라이스에게 이질적 건설자재 간 다른 거동의 중요성을 이해하고 그것을 하나의 주제로 판단할 수 있는 영감을 가질 수 있는 기반을 갖게 하였다. 그것을 하나의 주제로 부름은 사안의 중요성을 이해하는 것이다. 라이스는 종교적 성심으로 그 아이디어를 다루었다. 라이스는 건설현장에서 특정 자재가 잘 쓰이지 않음을 관찰하고 그 자재의 성능 및 주요 사용처를 기록 · 보관하여 후에 적절한 프로젝트에 바로 쓸 수 있게 하였다. 그가 건설자재의 성능(properties)을 말할 때는 시인이 따로 없었다.

그 품질을 숫자로 정량화하지 않은 대신 '특성(character)'과 '특별고유성(special nature)'을 말했다. 보부르의 주강재, IBM순회전시관의 폴리카보네이트, 프랑스성당의 대리석판재, 그리고 메닐컬렉션의 연철 등이 여기에 속한다. 예로 든 위의 건물은 자재가 건축적 고품질을 정의하는 계측기기가 된 사례이다. 이렇게 달성한 품질은 새로운 아이디어와는 거리가 멀다. 사마리텐 빌딩에서 보인 고딕식 석조건물, 새로운 철과 강의 개척자들, 그리고 19세기초 강구조물에서 사용한 건설자재에 특별한 관심과 감각이 있다고 라이스는 생각했다. 골조와 외부마감재를 동등한 척도로 판단하는 방식으로 자재를 파악해야 했다. 그렇게 하였기에 결과적으로 수공예로 잘 가다듬은 구성부재를 정밀하게 조립하여 주목받는 작품을 남길 수 있었다.

산업화 이후에 나타난 현상 중의 하나인 건물과 분리된 각각의 건물요소의 생산에 특별한 관심이 있었다. 현대건축은 복잡하며 그 복잡성으로 자재, 기술, 그리고 궁극적으로는 건축으로 표현된다. 가능하다면 생산과정에서 수공업적(craft) 방식으로 회기하여 산업화 이후 잃

미국 프린스턴의 패츠센터

어버린 인간적 가치를 건물에 투영함에 염두를 두었다. 라이스는 산업적 관점에서의 압박에서 해방되려면 자재에 대한 특별한 배려와 관심이 매우 중요하다고 보았다. 기술적 과제는 선택의 여지가 적다는 일반적 사회통념에 도전하고 싶었다. 이미 결정되어 우리가 따라야 할 저변의 논리, 그의 생각에 사회에 풍미한 산업적 관점에서의 압박에 도전하는 방법은 설계 대상물에 인간 회복의 증거를 보이는 것이라 했다. 그 방법은 '자재를 보거나 새로운 방향으로 옛 자재를 봄으로써 우리가 룰을 바꾸는 것이라고 생각했다.

인간성을 다시 찾을 수 있게 된다. 라이스가 자재의 활용과 관심을 활성화하는 데에는 두 가지의 의미가 있다. 시험을 하지 않은 자재의 품질 및 성능에 대한 대응법, 그리고 확인된 자재에 대한 새로운 사용처를 찾는 것이다. 그는 두 방법에는 모두 장점이 있다.

건설자재의 특수한 품질

건축가와의 협업에서 지금까지 구조물에서 보편적으로 사용하지 않던 건설자재의 특성이 어떤 기능을 할 것인가를 관찰하자는 주제가 있었다. 그 특성이 적절한 상세도로 활성화될 수 있는가 또는 구조해석기술로 응용과 성능을 예견할 수 있는가이다. 하중을 받는 자재의 거동을 예측하고 조정할 수 있어야 하고 구조요소의 형상, 위치 및 접합 등이 자재의 성능에 맞도록 조화롭게 연동할 수 있어야 한다고 생각하였다. 자재의 거동을 모델링하기 위해 그의 주요 관심사가 역할을 할 것인지를 보았다. 라이스가 수행한 많은 작품은 이와 같은 일련의 원칙에 따라 일반적이지 않은 재료와 방법을 동원하여 렌조 피아노와의 적극적인 협력에 의한 것이었다. 보부르, 메닐컬렉션 및 IBM순회 전시관 등은 참신한 자재를 사용하여 특별한 접근법을 택하여 얻은 결과였다.

기존 자재에 새 아이디어를 : 강재와 콘크리트

라이스는 석재와 콘크리트라는 기존의 자재가 새로운 여건에서 더 좋아지고 색다른 방식에 어떻게 활용되는가에 도전하였다. 프린스턴 패츠센터 프로젝트가 이러한 경우인데, 석재가 인장력을 부담하며 지지력을 과시한 예이다. 결과적으로 구조물 내 인장력을 시각적 메시지로 최우선적으로 전하고 접합부는 이를 강조하려고 가볍고 견고하게 하였다. 인장부재는 조립부품이 아닌 단일선으로 처리하여 산뜻하게 보이도록 하였고 접합부의 숫자도 최소한으로 줄였다.

그와는 반대로 런던의 로이즈는 런던 내화기준에 따라 콘크리트구조로 하여야 했다. 그럼에도 천재 건축가는 이를 감내하여 반영한 것은 흥미로웠다. 파리와 런던, 두 도시의 특별 내화기준이 보부르의 건물 높이를, 그리고 로이즈빌딩의 구조재를 결정하였다. 일반적으로 콘크리트구조에서는 접합부가 연속(핀접합이 아닌)이 되어 자재가 제 기능을 발휘한다. 로이즈빌딩에서 모험이 성공하여 고품질을 달성했다.

건물에 요구된 고품질기준을 충족하고 프리캐스트와 현장콘크리트를 적절히 배치하여 완공하였다. 적절한 배치(articulation)가 중요하였고, 더 확실하게 하기 위해 프리캐스트와 현장콘크리트를 번갈아 사용하였다. 두 종류의 콘크리트를 번갈아 사용함으로써 콘크리트 표면을 최상의 품질로 마무리할 수 있었다. 콘크리트 건물에 종래의 공법 대신 새로운 공법을 택하여 특별하고 창의적이며 건축적 아이디어를 살리고 구조공학이 바라던 결과를 얻었다.

■ 전산수학

우리는 라이스의 예술적 본능과 관심을 지향하여 엔지니어 - 건축가 간 걸출한 협업을 이룬 피터 라이스 방식의 성공을 평가한다. 건축가와의 대화 및 그들의 개념적 욕구를 해석함에 도움이 된 것이 분명하지만 보다 더 중요한 것이 있었다. 어떤 면에서는 재능, 전산수학 및 수학적 모델링에 대한 라이스의 자신감이 건축가와의 토론을 순조롭지 않게 했을지도 모른다. 통상 계산능력과 그래픽 재주가 항상 함께하지는 않는다. 그러나 라이스와는 가능하였다. 비록 라이스 자신이 수학 분야에서 '어느 정도의 경쟁력'이 있다고 했지만 타인에게는 '엄청난 경쟁력'이었다. 존 블랜차드가 애럽사무소에서 구조설계 시 타고난 수치해석가로서 그의 몸에 박힌 수학적 재능을 보일 때 피터 라이스는 그를 주시하였다.

라이스가 공학을 하는 동료에게서 많은 것을 배운 사실을 중요하게 생각한 것은 존 블랜차드와 터얼로 오브라이언과의 대화에서도 명백하다. 라이스의 특별한 힘은 예술, 문화 및 과학 분야에서도 언급할 수 있다는 것이다. 우리는 라이스 자신이 다른 엔지니어로부터의 배울 수 있음에 행복해 하였음을 쉽게 간과한다. 트리스트램 카프레와 제인 웨르니크는 자신들과 같은 초급엔지니어의 역할에 대해 피터 라이스와 토론한 일화를 소개한 적이 있다.

두 사람 모두 라이스가 종전에 겪은 적이 없는 새로운 문제일지라도 무엇인가를 계산할 수 있을 것이라고 하였음에 유의했다. 때로는 이것이 그가 계산의 전 단계에 그 문제가 기본적으로 바뀔 것이라고 생각했기에 그랬을지도 모른다. 그러나 다른 경우에는 수학적으로 해결할 수 있는 능력을 자신하였고, 또 그렇게 하여 건축적 문제에서 가능성이 보장된다면 그는 자신의 주장을 확실이 했음을 의미했다. 그의 숫자에 대한 수학적 기술과 능력은 어린 나이 때부터의 재능이었다. 그는 젊은 시절에 대해 "나는 숫자를 좋아함을 알았다. 숫자는 모두 다른 듯하여 각자의 고유한 특수가치를 지닌 각각 다른 존재이다. 각각의 숫자는 정확하며 각각 중요한 의미를 갖는다. 나는 마음 속으로 모든 놀이를 숫자로 할 수 있었다." 고 회고하기도 했다.

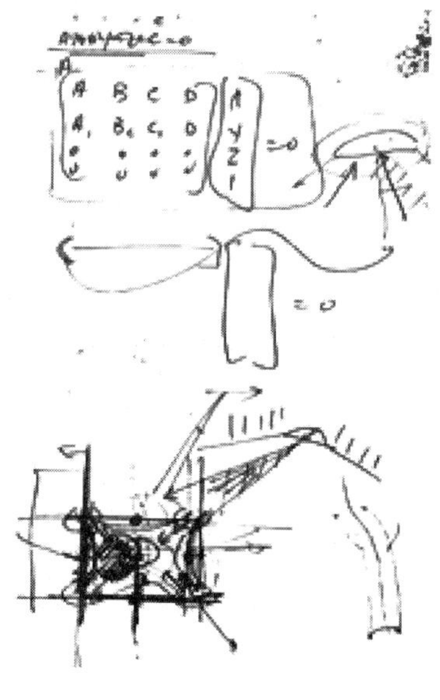

1985년 1월/2월의 그림의 스케치는 라이스가 문제를 푸는 데 어떻게 수학적으로 접근하는가를 보여주고 있다. 옆에 쓴 문구, 스케치 상세 및 전체적인 구조적 해결법을 행렬식으로 전개하여 당시에 구상 중이던 인장망구조를 이해하기 쉽게 설명하고 있다. 무엇이 문제인가를 구조적으로 이해함에 있어 망구조의 중요 절점상세를 그리는 것, 전체 형상, 힘과 변위의 관계 묘사 등이 그에게는 명백하고 중요하였다. 이러한 방식으로 개발된 내적 연관성의 규명, 확신, 그리고 어떤 형태의 변경도 수용한다는 자세로 건축가와 대화하였다. 수치해석에 대한 기민함과 이해력은 설계에서 당면한 문제를 해결해야 하거나 논문 및 전산해석 등에 몰입할 때 항상 그를 지원하였다. 전산해석에 관한 것으로는 그가 작업할 때 사용했던 주요 도구는 북극 도시에서와 같이 초기 경량구조설계용 동적이완프로그램이었다. 이런 종류의 구조물을 비선형 및 대형 변위현상으로 처리할 수 있는 전산해석 상용 프로그램이 필요하였다. 브라이언 포스터는 동적이완법의 개발 초창기에 "피터 라이스와 앨리스테어 데이와 같은 천부적 재능이 있는 엔지니어와 함께 하였다."고 회고하였다.

라이스는 과감하고 시각적인 구조물을 설계할 때, 인장과 압축이 조화를 이루며 절묘한 줄세공 형상(filigree form)으로 하여 압축부재를 줄일 수 있는 해법을 모색하였다. 그의 이러한 욕구가 보-스트럿이 혼합된 구조물의 여러 문제를 해결하는 차세대 동적이완프로그램으로 이어지게 되었다. 라이스는 자신의 프로젝트에 이 프로그램을 즐겨 사용하였다. 바리 경기장에서 캔틸레버형 아치리브에 좌굴내력을 강화한 가새형 작은 날개를 붙였다.

릴레와 샤를 드골공항의 TGV고속전철역에 이를 적용하여 구조부재, 장력 및 압축력을 이상적으로 조절하였다. 루브르 중정과 처어교차로를 덮는 지붕의 아치형 리브를 1개조의 방사형 케이블을 붙여서 전례없이 얇은 구조로 처리할 수 있었다. 이렇게 라이스는 자신의 영역을 넓혀 갔고 어떠한 건축적 아이디어라도 현시화가 가능하였으며, 때로는 건축가가 구상했던 것보다 더 과감한 안을 제시하기도 하였다. 라이스는 건축가의 역할을, 치열하게 내닫는 경주마의 기수에 비유하였다. 이는 그의 원론적 관심의 한 예이며, 걸출한 건물을 건설하려면 그의 다른 관심사인 경마와 같은 상황에 견주었다. 그는 자신이 엔지니어로서 해야 할 일은 예측 불가능한 맹수와 맞서싸우는 건축가를 돕는 일이라고 생각했다. 그의 경지에 이른 수학 실력은 건축을 전반적으로 이끄는 기수인 건축가를 기술적 지원의 손을 내밀어서 실현이 어려울 것 같은 아이디어를 포기하지 않게 하여 건축가에게 자신감을 갖도록 하였다.

■ 불가사의함과 잠재적 불안정

렌조 피아노와 함께 한 IBM순회전시관의 외장재를 주의 깊게 살핀 사람이라면 폴리카보네이트가 단순히 구조적 외장재로 쓰인 것인가?라는 의문을 가질 것이다. 구조성능은 재료의 선택을 어렵게 한다. 다

시트로엥의 멀리온 트러스, 눈에 보이는 불안정

른 구조엔지니어라면 이러한 이유만으로 그 재료의 사용을 거부했을 것이다. 그러나 이것이 라이스에게는 도전이고 전략이었다. 어떻게 하면 특성에 맞게 재료를 쓸 것인가? 그 답은 상세화함에 있었다. IBM 순회전시관에는 상당한 신장과 수축을 흡수하는 구조접합이 된 특별한 절점이 있다.

건물을 처음 보는 어떤 사람은 설령 내용을 아는 구조엔지니어라 해도 절점을 왜 그렇게 만들었고, 어떻게 작동하는가에 의문을 가질 것이다. 피터 라이스는 이러한 대중의 반응을 반가워했다. 그는 표준적 해결법보다는 방문자가 보며 생각하는 것을 선호하였다. 피터 라이스가 추구한 전략이 재료에 관한 관심과 흥미에서 발현되었지만, 구조시스템의 선택에서도 그러했다. 라 빌레트에서 레 세레의 유리벽을 지지하는 인장구조물은 언뜻 보아서는 이해하기 어렵다.

이 인장구조물은 기능과 구조거동이 분명하고 명쾌한 표준형 보나 트러스와 달리 구조물의 거동을 파악함에 약간의 훈련이 필요했다. 이것은 구조물의 거동이 풍향에 따라 달라지는 데 이유가 있고 압축부재의 숫자와 크기가 최소화되어 있기 때문이기도 하다. 이것은 미스터리와 잠재적 불확실성을 고려한 특이한 관점에 안정성이라는 아이디어와 맥을 같이 한다. 인장력 위주의 구조에서 이 아이디어를 최대한 활용하였고, 이 구조에 대한 그의 애착을 설명하고 있다. 라이스가 서부 프랑스의 낭트시 소재 우시네고층상점(Usine multi-store) 건물에서 지붕지지 인장구조의 설명에 그가 '아직껏 본 적이 없는 조금 불안정한' 건물로 보이게 설계하려 했다고 했다. 시각적인 인장을 활용한 인장재에 실제적인 인장을 비춰 보이게 하는 것이 라이스에게는 매력이었다. 잘 생긴 건물이 모든 이의 즐거움이 될 것임을 안 것이다. 불안정에 대한 확실한 느낌은 두 가지 중 하나로 나타난다. 구조부재나 건물이 보편적이지 않은 방식으로 안정을 유지하였으므로 불안정하게 보였을 것이다. 또는 그것은 실제적인 불안정일 수 있는데, 예를 들면 건물이나 구조부재가 움직여서 어떤 부재가 일반적으로는 인장케이블, 갑작스러운 국부좌굴을 일으킬 때의 불안정 등을 말한다.

■ 숙달

이 절의 부제는 자재, 수학, 그리고 불가사의함이다. 이 용어는 라이스가 많이 시도했던 생략된 형상에서 보인다. 그러나 운을 완성하려면 영어 알파벳 M자에 맞춘 숙달(Mastery)이란 용어를 추가해야 한다. 그렇다고 용어에 갖는 관심만으로는 충분치 않다. 라이스는 자신의 관심사를 그 도구로 바꿀 능력과 자신감이 있었다. 이러한 도구를 사용하여 대상을 특수하고 특별한 존재로 바꾸었다. 그의 주요 건물은 무엇이 특별한지를 정의하는 여러 품질을 갖추고 있다.

그들은 건축가의 기교를 늘렸고, 설계팀 내 동료들에게는 대안과 잠재력에 화려함을 갖게 하였다. 아마도 가장 중요하겠지만, 그는 건축가에게 어려움은 극복될 것이며, 특출한 건축아이디어에는 공학적 해법이 반드시 있을 것이라는 자신감이 충만한 동맹군을 지원했다. 라이스의 유명 건물에서 함께 일한 이들의 대부분이 증언하기를, "그에게는 신기에 가까운 공학적 능력, 그래서 그들의 아이디어를 노력과 실험이라는 족쇄에서 벗어나게 하여 피터의 마음에 있을 차분하게 해법을 도출한 아우라가 있었다."라고...

■ 창의력과 반영

피터 라이스는 후기에 많은 프로젝트를 소화하고 관련된 여러 문제를 해결하느라 분주하여 자신의 작품과 이루고자 했던 바를 정리할 시간이 부족하였다. 적어도 자신은 그렇게 생각했다. 그는 자신의 작품에 대해 수많은 초청강연을 하고 글을 썼다. 강연이나 논문을 준비함에 시간을 낼 수 있는 경우에 그는 항상 예리했고, 사려깊었다. 강연은 1년에 3~4회 있었는데, 대체로 구조공학에 대한 심한 편견이 있을 수 있는 청중이 대상이었다. 그런 자리에서 자신이 성심으로 친절하게 설명한다면 그만한 성과가 있을 것이라고 했다.

그가 공개적으로 발언했을지는 몰라도, 그는 퐁피두센터 이후의 작품이 매력적이라는 세평과 찬사를 즐겼다. 그러나 그는 대중적인 글을 쓰고 저술이나 연설에서 자신을 과시하며 인기를 즐기고 자신의 작품을 자랑하지는 않았다. 자신의 작품에 대한 설계 동기를 공유하고 자기가 가진 생각을 보다 투명하게 하고 다른 이의 비판을 구했다. 돌아오는 반응이 사려 깊고, 창의적인 것에 대한 숙고와 희망이 보이며, 도전적이고 개혁적인 것이라면, 그것이 비록 어린 학생들의 생각이나 그의 고참 동료의 견해도 모두 환영하고 수용하였다.

피터 라이스에게 중요한 것은 질문자의 사회적 신분이 아니고 질문의 수준이었다. 오히려 그가 실망하고 답답했던 것은 현상 유지에 안주하는 동료의 시각과 견해였다. 그는 “이는 과거에 해본 일이니 이번에도 그대로 합시다.”라든가 “이것은 기준에서 정하고 있는 것이다.”라는 식의 자세는 매력 없고 답답한 것이었다. 라이스는 건축가와 구조엔지니어의 역할이 무엇인지를 분명하게 하였고, 양다리를 걸친 중립적 태도를 가진 구조엔지니어를 힐난하였다. 이러한 관점에서 산티아고 칼라트라바에 대해서는 독설도 마다하지 않았다. 라이스는 건축가에게 게임에서의 창의적 역할을 결코 양보하지 않았다. 오히려 그 반대가 진실에 가깝다.

라이스는 구조엔지니어의 창의성에 대한 필요와 중요함에 열정적이었다. 그가 원했던 것은 건축가와 구조엔지니어의 이상적 관계의 증진, 훌륭한 건축가와의 상호작용을 바탕으로 훌륭한 설계를 하는 것이었다. 남프랑스에서 열린 '동서의 예술과 기술 - 훈련의 다양성' 제하의 세미나에서 예술인, 건축가, 언론인 그리고 구조엔지니어 등 피터 라이스는 많은 이와 교류하였다. 그 회합에서 미국 UCLA 건축학과장 리처드 웨인스테인은 구조엔지니어의 문제는 그들이 '이아고(Iagos)라는 데 있다.'고 하였다. 그가 주장하는 논거는 이렇다. 이아고는 셰익스피어의 비극 『오셀로』에 등장하는 인물이다. 이성적 논쟁을 반복하다가 낭만적이고 감성적 열망으로 살인을 하게 된다. 이아고는 무엇보다도 순수성의 대변자로서 열정과 상상의 비상으로 깨어지기 쉬운 아이디어를 부수어 버리는 결과가 된다. 마음에서 우러나오는 것은 타협이 불가능함을 넘어서 실용주의 장벽을 세우는 것이다.

이와 같은 식으로 구조엔지니어는 이성적이고 실용적 고려를 하기에 건축적 제안을 실현 불가능하게 하고 논쟁을 하여 창의적 설계 아이디어의 정수를 죽일 수 있다. 그러므로 W.H 오덴이 보따리 속의 조커에서 묘사한 것처럼 이아고는 전형적인 과학자인 셈이다. 그는 '과학적'이라는 단어는 예술과 창조를 말살하는 가장 나쁜 감성이라고 무자비하고 끈질기게 주장하였다. 라이스는 나쁜 구조엔지니어를 이아고에 비유하였다. 자신이 왜 창의적 설계팀 내 활동적인 구조엔지니어에게 용기를 북돋는 노력과 그 동기에 대한 자신의 관심과 설명을 할 때마다 같은 비유를 하였다. 건축가도 이러한 비유에 주목할 필요가 있다.

라이스는 건축가 리처드 로저스, 렌조 피아노, 그리고 이안 리치 등과 협업을 잘한 것으로 알려져 있다. 사려 깊게 관찰하는 건축가와 팀 동료는 어디에나 있다. 라이스는 그들이 당연히 해야 할 말을 직접 듣고 싶어했다. 만약 그들이 당연히 해야 할 말이 설계를 풍요롭게 하는 원동력이 되고 그러한 지적이 실용적인 해결이나 개념설계상의 이미지 형성에 도움이 된다면 더욱 환영할 일이라고 생각했다. 라이스가 구상했던 건축가 - 구조엔지니어가 협력하는 세상에는 이아고가 존재할 영역은 없다(33. 평전2 참조).

27. 케빈 배리, 피터 라이스의 자취

피터 라이스는 『An Engineer Imagines』에서 자신의 출생 관련 내용을 후반에 배치하였다. 클론멜에서 태어난 로렌스 스턴은 그 영웅의 출생을 "트리스트램의 생애와 견해" 제3권에서 다루었다. 던다크 출신인 피터 라이스는 절제하여 그의 영웅 출생을 2장까지 미루었다. 이러한 전위적 기술방식은 강한 인상을 주었다. 1장에서 '보부르'라는 제목으로 전문가로서의 생애를 결정적으로 바꾸어 놓았던 보부르의 디자인과 건축에 대해 서술하고 있다.

2장은 역순으로 사건을 기술하고 있고 저속한 1930년대와 1940년를 '생애 초기'라는 제목에서 그의 어린시절과 10대시절을 이야기하기 위해 자극적인 1970년대를 남겨 놓았다. 이는 『An Engineer Imagines』의 편집구조를 불안정하게 한 놀라운 일 중의 하나이다. 라이스는 그의 인생이 아일랜드가 아닌 프랑스에서 뒤늦게 시작했다고 하였고, 화자의 시간 역전은 강력한 불안과 제약으로 기억되는 그의 초기 생애를 후반부에 배치하여 의도적인 견해를 보였다. 따라서 그의 성공이 지니는 긴장감과 기쁨을 좀 더 가깝게 전개하고 있다. 그것은 아마도 처음부터 이야기를 시작하기가 너무 부담스러웠는지 모른다. 피터 라이스가 수술이 불가능한 뇌종양 진단을 받으면서 이 회고록을 쓰기로 하였다. 그의 병이 회고록 집필 동기와 여유를 갖게 하였다. 후반기의 여러 작품과 마찬가지로 『An Engineer Imagines』도 공동작업이었다. 피터 라이스는 자신이 누구인가를 확실하게 할 회고록팀을 스스로 구성했다. 그러나 그의 파트너와 협력자 중에서 자신이 제일 먼저 죽었기에 그가 마지막이 아니라 처음으로 자신의 말을 남길 수 있었다.

라이스가 얼마나 특별했던 엔지니어이고 어떠한 공로가 있는지를 젊은 엔지니어들이 깨닫게 할 필요가 있었다. 그들도 또한 상상을 할 수 있을 것이다. 이 책의 제목이 단순하고 풍부한 이중적인 의미가 함축되어 있었기 때문에 처음 이 제목을 본 라이스는 매우 기뻐했다. 젊은 건축가 바바라 캠벨은 그와 함께 작업하면서 대화, 본문작성 및 편집을 하였다. 다른 사람들은 이미지와 다른 종류의 논문을 준비하였다. 그는 이 책이 획일적이지 않고, 단편적이며, 여러 장들이 길이가 같지 않은 보충 설명이 함께 하기를 바랐다. 본문 사이의 질감의 변화는 이 책을 촉감있게 만들 것이다. 그가 비록 거미줄이나 프랭크 스텔라의 격자와 같이 일시적이라는 느낌을 주기 위해 그가 원했던 트레이싱 페이퍼를 사용하지는 못했지만, 회고록 프로젝트는 불확실성 속의 성과를 냈다. 당시 그를 사로잡고 있던 건물과 달리, 책은 제한된 기간에 완성되었다. 이와는 대조적으로 릴레대성당의 파사드는 1854년 이후 완성되지 못한 채로 남아 있으며, 그가 설계한 반투명 석조창은 그가 죽은 후 7년이 지나서야 제 위치에 놓이게 되었다.

공사에 1,000만 시간의 작업이 필요한 인공섬 간사이국제공항은 미완공상태였다. 만월극장은 그가 그의 마지막 생일을 1992년 블룸스데이에 기념했던 곳으로써 아직도 그의 '인생의 프로젝트'라는 말 속에 남아 있다. 피터 라이스가 자란 아일랜드의 라우스지방에 대해서는 애증없이 기술하고 있다. '공포'와 '어둠'과 같은 단어가 자주 등장한다. 이 장에는 패트릭 카바나라는 사람이 쓴 '이니슈킨 도로; 7월 저녁'이라는 시가 권두에 있다. 카바나는 한때 이웃들에게 조롱의 대상이었으나 1960년대에 국민 시인이 되었다. 1991년, 피터 라이스의 사촌 앙투아네트 퀸이 카바나의 글에 대한 논문을 발표했을 때 라이스는 즉시 이 책을 주문했다. 그는 저서에서 그가 소년이었을 때 한여름 날 카바나를 만났던 일화를 기록하고 있다: "내가 알았으면 좋았을 사람; 두려움을 이해할 수 있는 사람. 하지만 그는 지금 가고 없다." 국경은 몇 km 밖에 떨어져 있지 않았다. 그는 국경의 존재에 늘 불안해했다. 어린시절 그는 그의 동생 모리스 라이스와 함께 자전거를 타고 출입이 제한된 길로 국경을 건너 크로스마글렌에서 상점을 운영하고 있는 외가 친척을 찾아가곤 하였다.

피터 라이스는 그의 외가나 친가 친척들에게는 그저 국경 마을에 사는 평범한 사내 아이였다. 그의 외조부 다다 퀸은 모나한주 이니쉬킨에서 교사였고 그의 조부도 모나한주에서 태어났지만, 킬케니주에 정착해서 왕립 아일랜드 경찰을 하다가 40대 초반에 퇴직해 연금생활을 하고 있었다. 모친 모린 퀸은 유니버시티 칼리지 더블린의 재원이었다. 큰 외숙 윌리엄은 새 국가 경찰에서 승진을 거듭해서 가르다 시오차나의 경찰국장이 되었다. 부친 제임스 라이스는 신생 아일랜드 독립국가로 이행하던 시기에 런던경제대학 유학생으로 선발된 몇 안 되는 젊은 재원 중 한 명이었다. 그는 그곳에서 알게 된 사회주의 윤리와 불가지론에 영향을 받았으나 아일랜드 공화국, 가톨릭 게일 민족주의에 가담하지 않았다.

아일랜드 내전의 흔적은 남아 있었다. 제임스 라이스와 그의 아내 모린은 '조약' 찬성 자유 정부를 지지했으며, 내전 중에 퀸 집안을 공격한 아일랜드 공화국군에 참가했던 것으로 의심을 받고 있던 던다크의 고성가도에 있는 이웃과는 긴장 관계에 있었다. 제임스 라이스는 그의 장인 다다 퀸을 부추겨 옵서버를 읽게 했으며, 텔레비전의 출현 전까지 집에는 밤에 항상 BBC의 제3방송 교양프로그램이 켜져 있었다. 피터 라이스의 기억에는 그의 아동기 풍경이 안보다 밖이 더 에워싸여져 있었던 곳이다. 좋아하는 곳에 갈 수는 있었지만 두려움이 있었고, 모든 것에 무거운 그림자가 드리워져 있었다. 그때 알던 많은 사람들이 그를 활기넘치고, 운동을 잘 했고 야외활동을 좋아하는 뛰어난 수영선수로 기억하고 있다. 그의 아동기에 대한 기억은 수학을 사랑스러운 학문이라고 했던 외조부 다다 퀸의 죽음에서 시작한다. 죽음은 어디에나 있었다. "한때 나는 매일 아침 8시면 죽음이란 달콤한 냄새에 중독된 나이든 여자들과 함께 작은 작은 영안실 부속 예배당에서 죽은 사람들을 위한 미사의 제단을 담당하던 소년이었다."

심지어 그의 고모들, 그리고 삼촌 프랭크 라이스, 잎이 우거진 더블린의 교외 마운트 메리온에서 함께 살던 넬과 몰의 집을 방문하는 것도 모두 죽음의 영향을 받았다. 1차세계대전 중에 북아프리카에서 영국군으로 복무했던 삼촌은 다음과 같이 회상했다. "금색 매니큐어를 한 젊은 이집트 공주의 미라의 손, 팔…". 이 모든 것에도 불구하고 보부르 지역은 그가 태어난 곳으로 기억될 수 있다. 아일랜드는 낙후되었고 그림 같은 곳으로 기억된다. 이곳에서는 피터 라이스와 같은 하이텍 엔지니어, 에이린 그레이와 같은 가구 디자이너 또는 케빈 로쉬와 같은 현대건축가가 탄생했을 것 같지 않은 곳이다.

제임스 조이스나 사무엘 베켓과 같이 차갑고 생기넘치는 근대 작가들을 아일랜드와 연관짓는 것이 쉬운 일이다. 이는 아마도 작가들이 아일랜드의 과거를 발굴해내며(조이스는 더블린, 베켓은 위클로우의 작은 언덕) 그들이 쓴 글이 고향의 언어, 관용구 및 억양을 반복해서 되살리기 때문일 것이다. 구조엔지니어의 일은 가구 디자이너나 건축가와 마찬가지로 아일랜드 문화에 대한 대중의 이미지나 본인의 이미지와는 무관하다. 나는 20세기에 이 책을 포함한 아일랜드 작가의 도서 목록을 본 적이 없다.

결국, 아일랜드에서의 아동기와 텍사스 휴스턴에 있는 메닐컬렉션의 지붕구조를 통해 빛을 여과시킨 페로시멘트 잎사귀와의 연관성 또는 마시프 센트럴의 남쪽면 경사지에서 구르구베의 최소의 빛을 증폭시킨 장인의 거울과의 연관성, 또는 험버트 카멜로의 만월극장의 무대를 비친 조명과의 연관성, 또는 보부르의 거버레트에 주강을 선택한 것과의 연관성은 무엇인가? 보부르를 대표하는 이 주강물 piece의 일시적 재앙과 최종적인 성공과 함께 거버레트에 대한 이야기를 하기 위하여 피터 라이스는 저서를 이용하여 이 질문에 대한 답하려 했다. 왜 그(보부르의 바보)가 다른 모든 것들을 놔두고 이 재료를 선택했는가? 어느 날 보부르의 개관 후 얼마 되지 않아 나는 한 나이 든 여성이 마치 내가 어릴 때 나의 어머니처럼 검정색 옷을 입고 있는 것을 보았고, 앉아 사람들을 훑어보면서 눈이 휘둥그레져서 보았다. 나는 조용히 앉아 거버레트 한 쪽을 만지면서 그녀를 잠시 동안 살피는데, 그녀는 두려워하거나 겁먹지 않고 4층에 있었다.

이 회고록으로 피터 라이스가 다른 사람(건축가나 관료나)이 예상했던 것과 그의 작품이 어떻게 다른지를 설명할 수 있게 하였다. 그들은 그가 구조엔지니어이기 때문에 동기는 합리적이고 상식적인 것일 것이라 상상했다. 하지만 그 어떤 것도 사실이 아니었다. 그는 그가 너무나 일반적이라고 생각했던 위협과 두려움에 대한 특별한 집착(그의 말에 따르면) 때문에 주강을 소재로 선택하게 하였다. 주강은 다리, 송

수로, 창고, 철도역 등에서 사용하여 빅토리아 시대의 느낌을 준다. 그것은 손이 닿은 흔적, 만든 이의 자취와 흔적이 남아 있다. 알린 그 경로는 두 개의 두려움 사이에 있다. 첫 번째는 그가 그 자신의 어두웠던 유아기에서 기억하는 두려움이고 두 번째는 넓은 세계에 있어서 이국적이고 완고하며 추정적 '문화의 언어'를 갖는 메트로폴리탄 스타일의 사원에 의해 '일반 사람들'에게 부여된 두려움이었다. 보부르는 이러한 두려움에 저항하며 설계한 것이다. 피터 라이스는 기술혁신과 사회 변혁이 힘을 합하는 미래 지향 공간, 디오데식돔의 디자인 엔지니어이며 나중에 라이스가 루브르의 역피라미드의 구조를 서술하기 위해 그의 용어인 '텐서그리티'를 차용하면서 찬미했던 벅 민스터 풀러가 가장 잘 정의한 공간에 관심이 있었던 것이다. 보부르에서 두려움이나 공포를 느낀 사람은 거의 없었으며 첫 10년 동안 더 많은 방문객들이 유럽의 다른 어느 곳보다 이 건물을 방문하였다. 주강의 사용과 표현, 그리고 별개의 부분들의 간격을 둔 것은 이 건물에 논리와 상세를 더해주고 있으며, 이 건물이 따뜻하면서도 놀랍고 깨끗한 느낌을 갖게 한다.

성공은 대립적인 스타일 간의 복잡한 협력과정에서 두려움의 문화를 없애기 위한 집착에 달려 있다. '우리가 좋아하는 어떤 일이든 하는' 젊은 사람과 '솔루션을 효과가 있게 만들어야 한다는 감정적 관여 없이 숙련된 사람에게서 이용할 수 있는 시설을 분석하는' 젊은 사람들 간의 대립되는 스타일이다. 보부르의 경계가 두려움을 없앴다면, 만월극장의 생태는 최소한의 빛으로 어둠을 없앴다. 라이스는 이 프로젝트의 취약함을 비판하는 사람들에게는 그것이 핵심이라는 말로 대응하였다.

투명함을 담고 있는 모든 건물들, 앤디 세지윅이 라이스를 빛의 엔지니어라 기술하게 한 다양한 시스템, 즉 시트로앵 공원의 라 빌레트에 있는 그랑 세르, IBM순회전시관, 그리고 바리 스타디움과 루브르의 역피라미드와 같은 경량 반투명 구조물들, 이 모두는 외부와 내부 간의 유쾌한 교류를 이루어내고 있다. 그는 휴스턴 하늘에서 태양을 가로질러 가는 구름은 메닐컬렉션에서 이를 보는 사람에게 아무리 희미하더라도 보는 사람의 시야를 굴절시킬 것이라는 점을 발견한다. 오늘날 하이텍은 과거를 바로 잡기 위해 사용되고 있다. 피터 라이스의 가족들은 크리스마스에 넘쳐나는 선물 속에서도 라이스와 실비아가 얼마나 소박하고 꾸밈없는 아이였는지에 대해 자주 이야기하였다.

피터 라이스가 저서에서 그의 유아기에 그 어떤 것도 그의 미래를 준비하도록 하지 못했다는 주장은 아일랜드와 근대성 사이에 뭔가 불연속적이고, 병립할 수 없다는 개념에 근거할 것이다. 이는 라이스의 회고록 특성을 잘못 이해할 수 있는데, 이 회고록은 전체적으로 지방과 아동기를 보낸 내륙을 배경으로 한 것이다. 라이스가 태어난 1935년부터 그가 이주한 1955년까지의 아일랜드를 다루었다면, 개인 또는 국가가 후원하는 건축 및 엔지니어링의 혁신을 위한 중심부로서의 국가를 기술해야 할 필요가 있었을 것이다. 다양한 스타일의 국제적 모더니즘이 많은 대중적 논란을 불러왔으며, 여러 유명한 장소에서 그러한 모더니즘을 찾을 수 있다.

즉 콜린스타운공항 터미널(1940), 스윕스테이크병원 사무실(1937), 마이클 스콧 주택(1938), 뉴욕국제박람회에서의 아일랜드 파빌리온(1939), 그리고 버사라스 센트럴버스터미널(1944~1953)에 대한 강렬한 대중 및 전문가들의 논란과 축하 등을 그 예로 들 수 있다. 사실 오브 애럽이 아일랜드에 오게 된 것은 런던과 같은 해인 1946년으로 이는 버사라스 때문이었으며, 그는 먼저 오브 앤 애럽 컨설턴팅 엔지니어스라는 이름으로 사무실을 설립했다. 피터 라이스는 이러한 새로운 활력과 데스몬드 피츠 제럴드와 마이클 스콧과 같은 건축가 주변에 몰려들며 비상하게 의식이 높은 젊은 디자이너 팀을 무시할 수 없었다. 킬데어 주에 있는 뉴브리지대학 기숙학교에서 라이스는 조각가의 강렬한 현대 작품들에 노출되었는데, 그는 학교 정원에서 학생들 사이에서 조각을 하기도 했던 교수였다.

또 다른 뉴브리지대학의 유명한 졸업생인 필립 O. 케인은 코르크 대학의 엔지니어링 교수로서, 그는 10대의 피터 라이스가 헨리 플래너건의 목재 및 석조 작품을 보면서 일찍이 손의 흔적의 중요한 가치를 경험하는 것을 지켜보았다. 저서 『An Engineer Imagines』의 마지막 페이지에 피터 라이스는 그의 때이른 죽음을 예견하고 만월극장이 있는 구르고베가 점차 어떻게 자신의 영적인 고향으로 바뀌게 될 것인지, 아일랜드에 존재하지 않는 그의 일부가 될 것인지를 기술하였다. 이 회고록은 그를 사로 잡았던 반대되는 두 장소를 오가고 있지만, 둘 모두 저항할 수 없는 곳이었다. 장인들의 팀워크를 통해 그를 기쁘게 하였던 것이 구르고베에 만들어졌고, 그가 이 작품을 기쁘게 생각했던 이유는 수많은 동시대의 가정을 부정했기 때문이었다.

만월극장은 적은 것으로도 더 많은 것을 이루어낼 수 있다는 것을 보였었고, 작게 생각하는 것이 더 좋을 수 있으며, 성공을 위해 서두를 필요가 없으며, 하나의 작품이 평생 걸릴 수 있고, 디자인은 즐거워야 하며, 경량 거울을 날려버리기 위해 다른 방향에서 피바람이 불어도 국지적이고 예상하지 못했던 것이 승리할 수 있음을 보였다. 마지막으로 만월극장은 실패의 즐거움을 알려주었다: 최고의 엔지니어가 디자인했다고 하더라도, 불완전할 수 있으며, 즉시 효과를 발휘하지 않을 수 있고, 특이할 수 있으며, 결국에는 내가 좋아하는 것이 된다는 것을 보여주었다. 구르고베에 있는 기록보관소에는 피터 라이스가 말년에 쓴 미완성 연극 『다리』의 필사본이 있다. 여기서 한 엔지니어는 자신의 고향으로 돌아가 문제를 바로 잡고, 해법을 찾아내고 과거를 시정하고, 역사를 되돌리며, 가톨릭과 개신교라는 두 적대적 커뮤니티 사이에 다리를 놓은 것을 상상한다: '태양 아래 빛나는 깨끗한 흰색 다리는 두려움이 없는 미래를 상징한다.' 이 엔지니어는 고향에 가서 고향에서는 그를 원하지 않으며, 그의 커뮤니티에서는 그러한 종류의 변화를 원하지 않으며, 그의 계몽적 시도는 문제를 더 악화시키고, 스스로 그렇게 원했던 그의 의향을 그가 가장 사랑했던 사람들조차 거부한다는 것을 알게 된다.

이 판타지는 고딕적인 것이고, 막다른 길목의 것이며, 죄책감이 담겨 있다. 『다리』는 고향 또는 그의 자리였지만 그곳에 자신의 자리는 없다는 개인적이고 잊혀지지 않는 두려움을 전달하고 있다. 1970년대의 시 '사후'에서 벨파스트 시인인 데렉 마혼은 다음과 같이 적고 있다.

"아마도 내가 후에 포탄 속에서 살아남는다면 마침내 자라서 고향이 무엇을 의미하는 것인지 알게 되겠지." 이러한 정서는 피터 라이스가 성공을 거두던 시기와 일치하는 커뮤니티 내부의 내전이 있었던 기간 동안 울스터와 국경 지방에서 이주해온 세대의 많은 사람들이 가지고 있는 정서이다. 저서에는 그러한 성공의 역사와 기쁨이 담겨 있다. 이 회고록은 미래의 엔지니어들에게 그의 신조와 업적을 남기기 위한 그의 생애 마지막 몇 개월 동안에 완성했던 프로젝트이다. 무엇보다 이 회고록에서는 과거와 보다 나은 미래 사이의 불화를 메우는 방법으로 절대로 확실하게는 알 수 없을 한 가지 요소, 즉 거의 상상할 수 없는 놀라움의 요소를 기리고 있다(33. 평전2 참조).

Ⅵ. 추모행사

28. 애럽사무소의 20주기 행사

전시회 등

2013.4.5~11.27 런던 제2갤러리에서의 전시회는 그의 사후 20주년 행사이다. 그의 보부르, 파리 과학산업미술관, 메닐컬렉션, 만월극장, 그로닝겐미술관 등 5개의 뛰어난 작품에서 그가 기여한 바에 초점을 두고 있다. 예술가 프랭크 스텔라와 협동한 작품인 원형, 축소 모형, 도면, 회화, 사진 및 다큐멘터리 영화 등을 전시하여 시에 대한 애정, 경마와 자연에 대한 관심, 개인의 사진 등에서 그 시대의 정신을 알 수 있다. - 샤롯 S, 샬롯 페르난데스의 메시지, 2012.11.26 '애럽뉴스와 이벤트'에 실린 피터 라이스 전시회 관련 기사.

전시회 책임자 제니퍼 그레이츄스의 메시지

"피터 라이스가 남긴 유산은 현재까지 모든 이와 공감하며 현대의 디자이너들을 자극하여 과거의 설계이야기를 전시하고, 피터 라이스가 만월극장에서 험버트 카멜로와의 협력작업에 영감을 얻은 트리스탄 사리몬즈의 신작도 함께 전시합니다." 이 행사의 책임자 제니퍼 그레이츄스(Jennifer Greitschus)는 이 행사를 다음과 같이 요약하였다.

우리가 피터 라이스에게서 감동하는 것은 그가 구조설계자로서의 뛰어난 재능과 함께 구조공학 분야에서 자신의 영역을 넓히려고 한 끊임없는 그의 헌신에 있습니다. 그는 자신의 생애를 통하여 처한 상황에 만족하지 않고 재료의 혁신적 활용에 대한 탐구를 멈추지 않았습니다.

구조설계의 중심에는 재료의 고유성능에 대한 탐구가 있었고 자신은 단지 숫자를 사랑하는 몽상가 – 많은 엔지니어를 위해 안전하게 사용할 수 있는 표식 - 라고 자칭했지만, 모든 프로젝트에서 보인 그의 자세는 협동적이고 인본주의가 주종이었습니다. 그가 1992년 그렇게 갑작스레 타계하지 않았더라면 그는 현업과 최신 이론과의 접목을 끊임없이 추구하였을 것입니다. 그는 장인정신을 이해하고 사랑했습니다. 랑구독 만월극장의 석벽 – 기계를 전혀 사용하지 않은 - 을 건설한 모로코의 석공, 휴스턴의 메닐컬렉션 전시관 지붕에서 단일, 그리고 연속적으로 페로시멘트를 뿌려 잎사귀 형상을 만든 플라스터 기능인의 기술, 파리 보부르의 아이콘 거버레트, 수공마감 등을 사랑했습니다. 라이스는 현업에서 앞서 설명한 세 가지는 물론 실험, 기준화 작업, 수제모형 등에 높은 가치를 두었습니다.

우리는 이번의 전시회 '피터 라이스의 자취를 찾아서'에서 라이스 작품의 이러한 요소와 설계의 진전에 따른 협력 과정을 알아보고자 합니다. 이 전시회는 그의 타계 20년 후 라이스의 친구와 동료의 기억을 더듬어 한 편의 영화와 이 책으로 그의 생애와 작품을 추모하는 기회로 마련한 것입니다. 라이스와 가깝게 일했던 애럽사무소의 동료 톰 바커, 각별했던 파트너 리처드 로저스와 렌조 피아노, RFR을 함께 설립했던 이안 리치, 마틴 프랜시스 등이 증언합니다. 비교적 덜 알려진 사실로, 라이스는 젊은 학생들을 자신의 주변에 불러모아 주요 프로젝트를 통한 첫 경험을 갖게 하는 등 그들과도 어울리기를 좋아했습니다.

'그것은 아마도 시드니 오페라하우스에서 자신이 겪은 "가라앉느냐, 헤엄쳐 나오느냐 둘 중의 하나가 아니었나 싶다"라고 소피 부르바가 말했지요. 그녀도 23세에 라이스와 처음으로 일을 함께 했고 시게루 반의 메츠 소재 제2보부르의 엔지니어가 되었습니다.

라이스는 초기에 시드니 오페라하우스 설계팀에 소속되어 있었는데 현장주재 엔지니어로 보내줄 것을 애럽사무소의 잭 준즈 사장에게 청원하였습니다. 오페라하우스의 건축가 요른 웃존은 이 젊은 엔지니어에게 평생에 남는 강한 인상을 주게 됩니다. '나는 현장에서 그를 따라 다니며 그가 어떤 결정을 할 때 주요 이유와 설명을 경청하였다. 뚜렷하게 남는 기억은 스케일을 결정하고 우리가 건물을 어떻게 보는가를 결정함에 상세라는 것이 중요하다는 것이었다.

전시회는 2012년 11월 런던에서, 2013년 5월 파리, 2014년에는 더블린 등 3개 도시에서 전시, 워크숍 및 컨퍼런스가 있었으며, 다방면의 전시를 통한 세계적인 행사였습니다. 애럽사무소에서 가진 전시회는 프로그램상 제2단계 마지막이었다. 피터 라이스가 일했던 방식, 프로젝트의 대담성 및 생에 대한 열정으로 아젠다를 구현한 이래 제2단계 프로그램에 잘 어울렸습니다. 이 프로젝트는 전시, 영화, 그리고 책 등 3가지 부류로 책에 기고나 대담에 응한 분들은 피터 라이스에 대해 환상적인 존경을 구현하였습니다. 저는 이 책의 다양한 범위를 솜씨있게 처리한 케빈 배리를 비롯해서 헨리 바즐리, 바바라 캠벨-랑에, 에드 클락, 휴 더튼, 마틴 프랜시스, 조나단 글랜시, 피터 헤펠, 소피 르 부르바, 아만다 레베테, J. 필립, O. 케인, 션 O. 라오레, 렌조 피아노, 이안 리치, 비비안 로슈, 리처드 로저스, 앤디 세지윅 및 잭 준즈 등 여러분께 감사드립니다.

벤 리처드슨 메시지

벤 리처드슨(Ben Richardson)은 "1992년, 피터 라이스는 환경설계에 기여한 바가 인정되어 RIBA 금메달을 수상했습니다. 애럽사무소가 피터 라이스의 생애, 경력 및 유산을 찾아서 등을 내용으로 제작한 다큐멘터리를 전시회에서 상영하고 있습니다. 영화는 애럽사무소의 웹사이트와 유튜브에서도 볼 수 있습니다. 저에게는 영화를 제작하면서부터 피터 라이스의 철학, 예술 및 음악에 대한 관심이 구조설계에서의 해석 능력과 창의적 감각 이상으로 중요했습니다. 그것이 그에게 건축가와 고객과의 강하고 생산적인 관계를 유지함에 도움이 되었습니다. 그는 구조공학이라는 직업에 깊은 영향력을 소유한 놀랄만한 엔지니어였습니다. 『피터 라이스의 자취』 책이 전시회의 개별 관람처에 판매될 것입니다. 애럽사무소와 아일랜드 문화, 아일랜드 문화센터 및 아일랜드 공중업무처 등의 협동으로 그의 가족, 친구, 예술가, 학자, 세계적인 공학 및 건축 분야의 동료들이 기여했습니다. 리처드 로저스, 렌조 피아노, 앤디 세지윅 및 르 부르바도 빼놓을 수 없습니다. 유연한 구조물을 건설하는 자연적 패턴을 택하거나 빛의 생태학에 대한 우리의 경험으로 전환하거나 모두 피터 라이스의 공공공간에 대한 즐거움과 놀라움은 그들의 감각적 수학과 함께 합니다. 구조 재료, 특히 유리와 강재를 혁신적으로 사용하여 뛰어난 작품을 창조하였습니다."라는 메시지로 행사를 알렸다.

세미나 및 다큐멘터리

피터 라이스의 업적을 기리는 애럽사무소의 저녁 모임

An Evening at Arup Exploring the Engineering Legacy of Peter

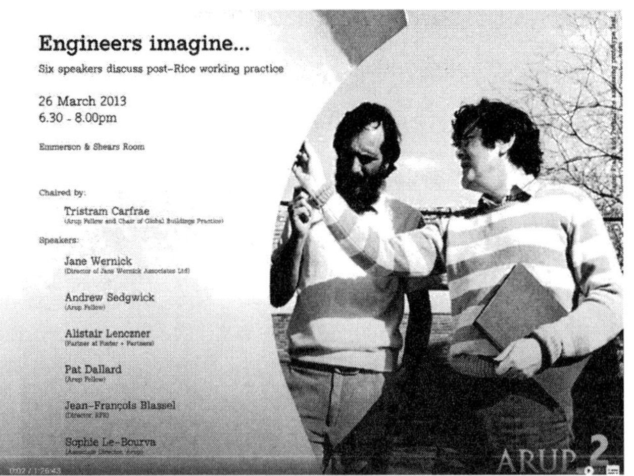

애럽사무소의 저녁 모임 포스터

Rice, 2013 Engineers Imagine...

의제 : 실무에서의 라이스 이후, 6인의 토론(Six speakers discuss post-Rice working practice)

일시 : 2013.3.26

장소 : 애럽사무소 에머슨 - 시어 룸

참석자

좌장 : 트리스트램 카프레, 애럽사무소 명예회원

토론자 6인 :

제인 웨르니크, 설계사무소 제인 웨르니크 대표

앤디 세지윅, 애럽사무소 명예회원

앨리스테어 렌츠너, 포스터 사무소 파트너

패트 달라드, 애럽사무소 명예회원

장 프랑수아 블라셀, RFR 이사

소피 르-부르바, 애럽사무소 이사

다큐멘터리

피터 라이스는 20세기 최고의 엔지니어이자 건축가 중의 한 사람이다. 구조엔지니어가 건물을 설계할 때 역할에 불만을 가진 라이스는 기술과 건축의 간격을 좁히는 대안으로 구조를 통해 용감한 혁신 과시를 지원하기 위해 헌신했다. 건축가와 공동으로 비전을 공유하고자 하는 그의 열망은 20세기의 가장 수요가 많은 엔지니어 중 한 사람으로 묘사되었다. 라이스가 가장 깊이 관여한 첫 번째 프로젝트는 보부르로써 피아노와 로저스와 긴밀히 협력하면서 구조, 설비 및 내장은 새롭고 정직한 건축양식의 탄생을 나타내는 외관에 화려하게 비춰졌다.

애럽사무소가 제작한 이 30분 분량의 다큐멘터리는 겸손한 아일랜드 구조엔지니어와 건축가 모두에게 미친 영향을 숙고하게 한다. 리처드 로저스, 렌조 피아노, 엔지니어, 디자이너 및 그의 가족 등 유명한 동료들의 렌즈를 통해 이 영화는 라이스가 엔지니어링에 대해 생각한 급진적 방식을 보인다.

29. 마커스 로빈슨의 영화

- 'An Engineer Imagines' -

홍보 포스터

영화감독이고 카메라맨인 마커스 로빈슨(Marcus Robinson)이 그의 영화 《Peter Rice-An Engineer Imagines》가 바르셀로나의 국제건축영화제 BARQ에서 상영되었고, 그 영화에 대한 '컬처'에 기고한 글에서, 전설적인 엔지니어의 초상으로 아일랜드 RTE One TV에서 '좋은 프로상'을 수상하고, 대담하였다(2019년 5월 9일 오후 10시 15분). 20세기 최고의 구조엔지니어라 불리는 피터 라이스의 자서전 『An Engineer Imagines』이 오랜 기다림 끝에 드디어 1994년 출간되었다. 그 책으로 피터 라이스의 마음과 철학을 살필 수 있는데, 렌조 피아노가 했던 말처럼 "눈감고 연주하는 피아니스트처럼" 구조를 설계할 수 있다고 하였다.

시드니 오페라하우스, 보부르, 메닐컬렉션 및 로이즈빌딩 등과 같은 현대건축의 아이콘이 된 여러 건물을 걸출한 건축가와 협업하며 그 작품에 특이하게 시적인 감흥을 갖게 하였다. 그는 엔지니어의 역할에 대한 글을 쓰며, 자신의 창조적인 접근법을 강조했다. 자신은 우연히 엔지니어가 되었으며 자연스런 본능이 아닌 모호한 감각으로 경력을 쌓았다고 하였다. 그러나 그의 프로젝트를 통하여 학생에서 베테랑에 이른 그의 발전을 느끼게 한다. 라이스는 감동적이고 아름답게 쓴 자서전은 전후세대의 건축과 우리의 콘크리트 환경을 이해하려는 사람들과 공학과 건축을 공부하려는 학생에게는 아주 완벽하다.

'An Engineer Imagines' 의 주제, 피터 라이스

피터 라이스는 그의 작품에 대한 한 권의 책을 쓰라는 권유를 여러 차례 받았다. 그러나 피터 자신의 설계와 구조에 대하여 자신만의 원천적인 생각을 전할 절호의 때가 왔을 때 이미 병객이 된 사실이었다. 가슴 아픈 일이다. 1992년 그가 작고하기 얼마 전에 일을 마무리했고, 그렇기에 이 『An Engineer Imagines』는 라이스의 생애와 작품에 대한 치솟는 감정과 영감을 주며 인간의 창조적이고 공학적인 천재에 대한 근원적 정신을 담은 유언장이기도 하다.

'Watch Out' 프로 : 마커스 로빈슨이 말하는 피터 라이스의 『An Engineer Imagines』

나는 피터에 대해 말을 하고자 한다. 내가 그의 책을 내려 놓으니 세적인 아이콘 건축물에 대한 생각과 건설에서 중추적인 역할을 한 누군가가 나에게는 생면부지의 인물이었다. 그러기에 변칙적이거나 옳은 이 사실에서 나의 작은 역할을 하려 한다. 피터는 낙오자로 인식될 일은 없었던 반면에 그의 경험 세계에서, 그가 함께 한 유명 건축가처

럼 스포트라이트를 받지 않았던 사실은 영화 속의 진정한 예술가 과정의 중심에 있는 그의 '첸, 초심자의 마음'을 탐색해야 하겠다. 이 영화와 미국의 9.11 사태 이후 세계무역센터의 건설 역사인 '타워의 재건'에 대한 나의 최신작과는 분명한 연결고리가 있다. 두 영화는 아이콘적인 건물의 건설에 있어 상호관련이 있고, 각각의 건설환경에서 온전한 인정을 받을 자격이 있는 시각적 위엄과 권위를 가진 시간차 사진임에 따른 칭송을 받는다. 그러나 추가적인 연결도 있다. 여행 중 영화제작자의 건축사진 작가에게서 얻은 창조적인 과정을 탐색할 기회가 왔을 때 나는 피터의 스토리에 마음을 빼앗겼다.

피터가 한 인간으로서 택한 길, 그리고 그가 가장 좋아한 설계가 현시화되었을 때 택한 길에는 가장 아름답고 놀랄만한 눈에 띄는 합쳐지지 않는 평행선이 있다. 모든 정황을 보아도 특히 퐁피두센터를 설계한 팀에게 라이스는 연결자였다. 팀을 함께 하게 하고 결실을 맺게 한 아이디어를 갖게 한 그의 정신이고, 인간적인 성품이었다. 연결의 정수는 진동 속에서의 아름다운 선언이었고 보부르의 생동하는 구조적 완벽함 – 공학 공식과 생각을 오늘날 시간의 시험을 이긴 형상으로 전환하게 하였다. 그의 건물을 통해 그 사람을 이해하였다. – 자연적 패턴을 이용하여 가변적 구조물을 만들었거나 건물 내 빛을 사용하여 새로운 경험을 창조하였거나 모두 그러했다.

라이스는 우리가 어떻게 일상에서 구조물의 현대적 다용성을 이용하고 관찰해야 하는지를 바꾸어 놓았다. 그것들은 기차여행 시 통과하는 르와시의 TGV 역사, 스탠스테드공항에서의 출발과 도착 또는 시드니 오페라하우스에서의 음악회 등 모두 우리가 거주하는 환경을 그대로 비추는 거울처럼 삶의 감각에 스며들었다. 지구상에서 우리의 시간은 자연에 둘러싸여 있고 결국에는 인류가 남긴 인상이다.

30. 피터 라이스를 기리는 시상

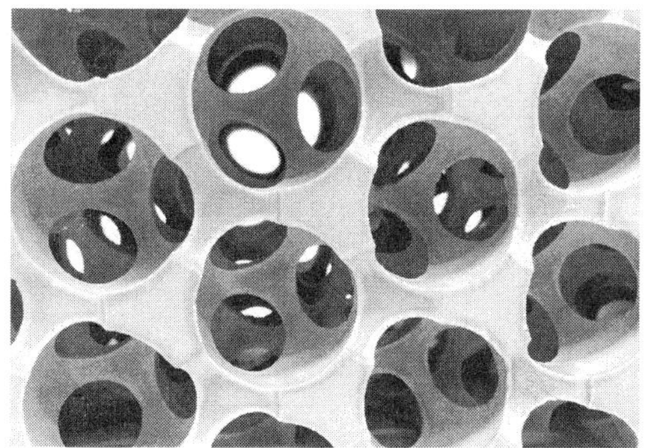

2021년 수상작 에린 린지 헌트와 야슈안 리우의 Nu Block

홍보 DkIT Hosts Annual Peter Rice Awards Ceremony

하버드대학교 디자인스쿨의 '피터 라이스 프라이즈'
Petrer Rice Prize

1995년 모셰 사프디(Moshe Safdie)와 가족, 친구, 동료들이 피터 라이스를 기념하여 설립하였다. 하버드대학교 건축과 학부 및 대학원

과정의 학생으로서 건축 및 구조공학 발전에 대한 역량(competence)과 혁신(innovation)을 입증한 학교에서 장래가 촉망이 되는 학생(Students of Exeptinal Promise)에게 Petrer Rice Prize를 매년 시상하고 있다. 2021년에는 에린 린지 헌트와 야슈안 리우가 수상하였고, 한국인으로는 2015년 김정현과 2014년 이주훈이 받았다.

던다크대학교의 피터 라이스 은메달 대회
The Peter Rice Silver Medal Competition

1996년 애럽사무소와 아일랜드엔지니어협회의 후원하에 던다크공과대학(Dundalk Institute of Technology; DkIT)에서 설립되었다. 이 메달은 매년 연구소의 공과대학교 학생이 실질적인 프로젝트 활동에 대한 최고의 작품에 시상하고 있다. 이 메달은 매년 최고의 레벨 7 엔지니어링 학생 프로젝트에 수여한다.

렌조 피아노 사무소의 인턴십 과정
Peter Rice Internship Program at Renzo Piano Building Workshop

렌조 피아노 사무소는 매년 건축학과 석사과정의 학생에게 인턴십 과정을 이수할 기회를 준다. 경험 많은 건축가의 지도하에 파리와 제노아 사무실에서 6개월 가량의 코스를 밟는다. 실습, 세미나 및 문서 작성 등으로 실무와 연구를 통한 훈련 과정을 이수한다.

31. 저자의 기고문 두 편

2003 건축가 같은 구조엔지니어(대한건축학회 '건축' 2003. 2)

그를 건축가 같은 엔지니어, 엔지니어 같은 건축가라고 했다. 라이스는 1992년 타계하기 얼마 전 영국왕립건축가협회(RIBA)의 금상 수여식에서 "내가 가진 하나의 철학과 신념이 있다면 그것은 우리는 능력껏, 그리고 반드시 사회에 공헌해야 한다는 것입니다. 그것은 역할이 불분명한 건축가 아닌 확실한 기술로 공헌해야 합니다. 세간에서는 저를 건축가, 구조엔지니어라고 하는 모양이지만 이는 당치 않은 이야기입니다. 저는 평범하고 단순한 엔지니어일 뿐입니다."라는 연설을 통해 자신의 직업적인 아이덴티티를 분명히 했다. 그러함에도 그의 역할에 대한 논의는 아직도 계속되고 있다.

라이스는 아일랜드의 던다크 시에서 태어나 건축이나 공학과는 무관한 집안에서 자랐다. 우연한 기회에 퀸스대학에서 공학을 전공하고 임페리얼대학에서 공학석사 과정을 밟은 후 1956년 세계적인 설계회사인 애럽사무소에 입사한다. 컴퓨터 관련 수학 분야에 남다른 재능이 있던 그는 시드니 오페라하우스의 2중 곡면 지붕의 형상을 결정하는 일을 첫 업무로 엔지니어의 길에 들어선다. 오페라하우스의 설계자인 건축가 요른 웃존을 특별히 존경하였고 그로부터 건축설계에서 기본 구상의 중요함과 복잡한 과정 등을 배우면서 건축가와 엔지니어의 기본틀을 다진다. 1963년부터 4년간 시드니 오페라하우스의 공사현장에 파견근무하면서 건축가의 의도가 물리적인 현실로 바뀌는 과정을 지켜보면서 건축가의 특수한 역할과 구조기술에 매료된다. 1967년에는 1년간 미국의 코넬대학에서 객원교수로 구조공학의 원리에 몰두한다.

라이스는 렌조 피아노와 리처드 로저스와 함께 파리의 보부르 현상설계에 당선되어 그의 존재와 능력을 세계에 알렸고 그 건물에 처음으로 주강재를 사용하였다. 이어서 그는 로저스와 로이즈빌딩에서 콘크리트부재에 처골 디테일을 도입하여 구조물에 긴장감을 주었다. 피아노와 휴스턴의 메닐컬렉션, 마이클 홉킨스와 런던의 로드 크리켓 경기장의 마운드 스탠드를 설계하고, I.M 페이와 파리의 루브르 박물관 내새 전시장과 조각전시장을 설계하는 등 세계적인 건축가와의 협업으로 그의 독자적인 영역을 넓혀 갔다. 라이스는 파리의 철도역, 샤를드골공항 청사, 간사이공항 청사와 룩셈부르그박물관 등을 설계하면서 유리와 강재롯드로 구성된 텐션 트러스를 활용한 투명건축에 일가를 이루게 된다. 그리고 스프렉컬센과 파리의 그랑 아르쉐의 중앙캐노피인 '구름'으로 막과 케이블의 화려한 조화를 보였다. 그는 그렇게 눈부신 활동을 하다가 1992년 10월 57세의 일기로 갑자기 타계했다. 세계의 건축계는 재인의 박명함을 탄식하였다. 언론 매체에서 '20세기의 최고 건축가'라는 찬사로 라이스를 추모하였다.

라이스의 평생의 스승인 피아노는 "피터는 르네상스적 세계관을 가진 과학자이고 휴머니스트였다. 그는 항상 평범한 해법과 졸속한 결정을 거부하였다. 내가 피상적인 해결방법에 만족하지 않는 것은 피터에게서 배운 것이다."라고 회고했다. 로저스도 "피터 라이스는 건축설계의 직업훈련이라는 틀에서 비켜 설 줄 알았고 기술적인 난제를 시적해법으로 바꾸는 능력이 있었다. 피터의 설계는 질서와 즐거움, 과학과 예술을 조합한 것이었다."라고 추도했다. '엔지니어 같은 건축가'로서 금세기 최정상이라 알려지고 있는 산티아고 칼라트라바는 "피터는 엔지니어가 보면 건축가이고 건축가가 보면 엔지니어였다. 그에 대한 역사적인 자리매김은 중요했다. 궁극적으로 엔지니어는 엔지니어이고 건축가는 건축가였다. 인간의 재능은 그의 직업과 그 직업에 대한 대중의 인식에 따라 한정되게 된다."라고 회고했다. 그의 사후 10년이 지나면서 그에 대한 평가도 다양해지고 있다.

안드레 브라운은 "세상은 더 이상 라이스와 같은 건축가를 필요로 하지 않는다. 다만, 그와 같은 엔지니어가 필요하다"라고 그의 최근 저서 『피터 라이스, 엔지니어의 현대 건축에의 공헌』(RIBA, 2001)에서 주장했다. 10년 전에 타계한 천재적인 한 엔지니어를 새삼 거론한 데는 최근의 우리 건축교육계가 겪은 건축학과의 건축공학과의 분리 과정을 보면서 구조엔지니어의 아이덴티티를 생각해 볼 필요가 있다고 느꼈기 때문이다.

필자는 재작년 대한건축사협회 학회지 "건축" 2001년 1월호에 "건축공학 교육 프로그램의 개편을 보는 한 구조엔지니어의 소감"을 기고하여 당시의 건축공학 교육 프로그램의 개편에 대한 정황을 소개하고 몇 가지 바람을 전한 바 있다. 지금 대부분의 대학에서는 금년 또는 내년부터 건축학 5년제와 건축공학 4년제를 병설하여 현재의 정원을 넘지 않는 범위에서 운용하고 추이를 보아 가며 조정을 한다는 다소 사태관망적인 상황에 있는 것으로 안다. 한편 기존의 제도도 무난한데 WTO의 구속력이 미치지 않는 UIA의 장단에 공연히 춤추는 것 아니냐는 신학제에 대한 회의적인 시각도 없지 않은 모양이다. 그 기고

문의 말미에서 건축공학의 개편 프로그램에서 구조공학 분야가 내실 있는 성과를 얻기 위해 몇 가지를 제안한 바 있다. 참고삼아 이를 다시 요약하여 소개하면 다음과 같다.

1. 건축공학과에서의 건축공학교육은 장래의 구조엔지니어를 위한 것보다는 건축기술자를 위한 구조공학에 대한 소양을 함양하는데 주력한다. 다만, 구조엔지니어를 지향하는 학생에게는 구조관련과목 위주로 하고 일부 과목은 토목공학에서의 수강이 가능케 한다.

2. 졸업 후 엔지니어의 국제적 자격인정을 위해 교과과정에 ABEEK나 ABET기준을 반영한다.

3. 기술사 자격이 건축구조기술사와 토목구조기술사로 2원화되어 있는 제도를 "구조기술사"로 단일화한다.

4. 산학의 교류를 활성화하여 학점의 일부를 산업체에서 취득토록 한다. 지금 필자는 위의 제안에 다음의 내용을 덧붙이고 싶다. "건축공학의 구조 분야에서는 건축에 대한 심미안과 창조의욕이 있는 장래의 구조엔지니어가 되는 바탕을 닦도록 한다."

건축구조와 토목구조는 공학적인 면에서는 기본적으로 궤를 같이 한다. 그러나 대상을 다루는 구조엔지니어의 소양과 자세는 건축과 토목에 대한 정의만큼이나 차이가 있다. 아무래도 개편된 건축공학과에서는 보다 공학에 치우친 교육이 될 것이다. 바람직한 방향이다. 그래도 필자는 더 많은 "건축가 같은 구조엔지니어"의 배출을 기대한다.

2015

'피터 라이스의 타계 25주기에'(한국강구조학회지 2015)

지난 2017년 10월 25일은 피터 라이스(1935~1992)의 서거 25주기였다. 그가 작고한 1992년경만 하여도 라이스가 시드니 오페라하우스와 루브르 피라미드의 구조설계자라는 토막 지식이 전부일 만큼 필자는 그에 대해 과문하였다. 1999년 고속철도 광명역사의 설계 협의차 설계사무소 RFR사무소를 방문하여 라이스 관련 자료를 보았고, 그의 장남 키란 라이스를 만나면서 피터 라이스의 실존적 존재를 실감했었다. 그후 필자는 2003년 2월 대한건축학회 잡지 《건축》에 "건축가 같은 엔지니어"란 글을 기고하여 뒤늦게나마 그의 철학을 짚었다. 피터 라이스의 일생을 다룬 2001년의 안드레 브라운과 2015년의 케빈 배리의 두 전기를 번역하며, 라이스의 짧고 화려했던 작품, 이상과 철학을 새삼 접하고 그에 대한 존경심과 요절에 안타까워했다.

20세기의 걸출한 구조엔지니어이며 아일랜드의 국민영웅 피터 라이스는 누구였으며, 무엇을 하였고, 어떤 생각을 하였나? 그는 영어보다 프랑스어를 더 사랑한 아일랜드인, 영국공학한림원, 건축가협회 및 구조엔지니어회 명예회원이었고, 아일랜드인에게는 소설가 제임스 조이스(James Joyce, 더블린 사람들 및 젊은 예술가의 초상) 이상의 존재였다.

그의 사후 1994년, 미국 하버드대 디자인대학원은 그의 이상과 원칙을 기리는 피터 라이스상을 제정하였다. 1996년, 영국 애럽사무소와 아일랜드엔지니어협회 공동으로 피터 라이스 은메달 시상제를 제정하였다. 2001년에 아놀드 브라운이 '현대건축과 피터 라이스 - 구조엔지니어의 공헌'을 썼다. 20주기인 2012년에 예술학자 제니퍼 그레이츄스(Jenifer Greitchus) 등이 '피터 라이스의 자취'로 전시회, 영화

상영 및 추모집 출간 등으로 런던, 파리 및 더블린에서 3년에 걸쳐 순회전시를 하였다. 이때 케빈 배리가 중심이 되어 유럽의 현역 예술가, 건축가 및 엔지니어 등 20인의 추모글을 모아 『피터 라이스의 자취』란 책을 꾸몄다.

2014년 필자와 김종호 회장(창민우), 한상을 교수(인하대) 및 이원호 교수(광운대) 등 4인은 저자 아놀드 브라운 교수와 번역 요청, 승인 및 내용 협의 등을 거치며 번역을 마무리하였다. 그러나 국내 출판계 불황으로 간행이 유보되었고, 그후 S대 출판사에 번역 출간 지원을 신청하였으나 채택되지 못하였다. 한편, 브라운 교수는 한국에서의 번역 출간에 맞추어 자신의 저서를 전면 개정할 기회로 보고 그에 따른 기술적 문제를 의논하였다. 그러나 번역이 종료된 시점에 출간이 유보되는 한국의 출판문화계의 현실에 당혹감과 실망감을 감추지 않았다. 필자 등도 출판계의 그런 흐름을 예견하지 못함으로써 저자의 시간을 헛되게 하고 개정판 간행 희망을 꺾은 데 대하여 심심한 사과를 하였다. 3년이 지난 지금도 안드레 브라운 교수에게 미안한 마음은 여전하다.

헨리 바즐리와 휴 더튼

필자는 편저자 케빈 배리 교수와는 일면식도 없었으나 다행스럽게 추모글을 쓴 20인 중 RFR 대표를 지낸 헨리 바즐리와 파사드 설계전문회사 HAD 대표 휴 더튼을 인천국제공항터미널-1, 2청사와 고속철도 광명역사의 구조 및 파사드의 설계를 함께 하면서 맺은 인연이 있었기에 양인을 통하여 케빈 배리 교수와 선을 댈 수 있었다. 이 책에서 헨리 바즐리는 카메오 2, 휴 더튼은 카메오 7로 추모글의 논제를 주재하였다. 케빈 배리가 회고한 "만약 피터 라이스가 1992년에 급서하지 않았더라면, 그는 틀림없이 실무를 계속하면서 첨단기술의 융합에 심혈을 기울였을 것이다."라는 주장에 동의함도 그들과 공유하였다.

장정이 미려한 번역본을 제니퍼 그레이츄스, 헨리 바즐리, 휴 더튼, 그리고 케빈 배리 등 4인에게 전한 바 그들의 놀람, 즐거움, 그리고 감사의 글이 담긴 메시지를 계속 보내왔다. 이 기회를 통하여 피터 라이스와 함께 호흡을 했던 인물들과의 교류로 번역서를 출간한 작은 성과에 보람을 느꼈다.

피터 라이스의 타계 25주기를 지나며 그의 전기를 번역하며 새롭게 접한 그의 인생, 작품, 철학 및 당시의 유럽건축문화를 살필 수 있었다. 이 글은 필자와 함께 두 전기를 번역한 김종호 회장, 한상을 교수, 그리고 이원호 교수 등 4인 공동의 추모의 글이기도 하다.

'피터 라이스의 자취' 번역서, 2016

김종호/ 이원호/ 전봉수/ 한상을 공역, 기문당/ G.부록 참조

'현대건축에 공헌한 피터 라이스', 번역서, 2021

전봉수/ 한상을/ 김종호/ 이원호 공역, 피터 라이스 자취와 공헌에 대한 연구회/ G.부록 참조

'피터 라이스의 생애와 비전-전봉수 편저', 2022

Ⅶ. 라이스 관련 자료

32. 저서 1, 2

- 저서 1 : An Engineer Imagines(1994) -

번역서: '엔지니어 이미지', 이수권 역, 청람(1997)

원본: 『An Engineer Imagines』
Peter rice, 1994

번역서: 『엔지니어 이미지』
이수권 역, 1995

목차 : 서문/ 머리말/ 보부르의 설계와 시공/ 나의 유년기/ 시드니 오페라하우스/ 거물 오브 애럽/ 엔지니어의 역할/ 장 퓌로베/ 메닐컬렉션/ 섬유막/ 유리와 폴리카보네이트/ 강구조와 콘크리트구조의 상세도/ 석재/ 비평과 사진/ 산업과 작업/ 피아트/ 카멜레온의 변신/ 만월극장/ 움직임 속의 건축/ 건축물과 프로젝트 연표/ 참고문헌/ 부록1 피터 라이스/ 부록2 RFR

피터 라이스는 위 저서가 출간되기 직전에 유명을 달리했다. 그러한 연유로 서문은 그의 아내 실비아 라이스가, 머리말은 프랭크 스텔라가 썼다.

프랭크 스텔라의 서문

입체와 평면을 전문적으로 다루는 예술가는 작품에 별 차이가 없다는 것이 정설이다. 그것은 양자가 모든 규모와 형태를 추구하기 때문이다. 매사를 애매하게 처리하는 사람이 있는 반면에 자신의 일을 능숙하게 처리하는 사람도 있고, 어떤 사람은 비능률적인 경우도 있다. 지금 생각하면 실현가능성이 없어 보이는 계획안이었지만 약 3m 폭의 보행교 모형을 페인트칠한 알루미늄으로 만들었다. 그것을 확대하면 세느강에 놓을 수 있다는 생각에서였다. 나의 클라이언트는 그 모형이 밝은 색상을 좋아하는 자신의 성향에 맞는다고 만족스러워 해서 프랑스의 토목건설 장관에게 보여주고 싶어 했다. 그러나 먼저 구조적인 견해가 필요했다. 그는 피터에게 모형을 살펴봐 달라고 부탁했는데, 마침 피터가 나타났다.

"자, 무엇을 알고 싶으세요?" 그는 모형 주위를 돌고 난 후 이렇게 물었다. 나는 내심 그에게 '오 친구여, 나는 정말 심각합니다.'라고 외치고 있었으나 애써 태연함을 가장하며 물었다. "당신은 그것이 시공가능한 설계라고 보십니까?" 그는 모형을 다시 한번 더 보고 대답했다. "예 그렇습니다." 나는 잠시동안 귀를 의심했다. 나는 그때 '예'가 의미하는 바를 깨달았다. 물론 그것은 내가 아닌 그에 의해서 시공이 가능하다는 것이었다. 그러나 운좋게 그 이상의 것이 있었다. 나는 의구심을 갖고 물었지만, 그가 긍정적으로 답을 했던 것이다. 그 일을 회상하는 순간, 나는 행복했다. '예'가 암시하는 바는, 그 모형을 발전시킬 가치가 있음을 의미했다. 만약 우리가 조금씩 진전할 수 있다면 그보다 먼저 내가 그 보행교에 대해 분명한 아이디어를 갖고 있음이 중요했다. 교량을 건설하는 일은 가능성이 있었다. 그러나 그로닝겐박물관 계획안은 좀 거리가 있었다. 그 프로젝트에서 나는 운이 좋았다. 나는 중국의 격자무늬를 소개한 책에서 간단하고 전달이 가능한 아이디어를 떠올렸다. 디자인한 나뭇잎 하나를 꼬아 우리 건물모형에 평평하고 멋진 지붕을 만들었다. 피터가 물결치는 듯한 그 지붕에 숨겨진 비밀이 무엇이냐고 나에게 물었을 때, 나는 자랑스럽게 '그것은 나뭇잎입니다.' 라고 답했다. 그는 일단 실마리를 찾고 이미지를 이해하면서 모든 문제를 해결했다. 마치 저거너트(juggernaut, 인도 신화의 크리슈나 신의 상와 같이 동그랗게 만 것을 실용성과 비용에 있어서 방해가 되는 요소를 제거하여, 우리가 원하는 것을 만들었다.

피터는 확실히 국가의 보물이다. 아니 전세계적 보물이라고 하는 것이 더 마땅하다. 그의 주위에 있으면, 결과가 별로 신통치 않고, 노력한 보람도 느끼지 못할 때라도 나 스스로 조금이라도 생각할 수 있는 권리를 누리게 해준 것에 대해 그에게 고마움을 느끼게 된다.

1992. 캘리포니아에서

- 저서 2 : Structural Glass, 1995 -

번역서 : 유리건축, 현대산업 역

Structural Glass, Second edition Peter Rice and Hugh Dutton

목차 :

휴 더튼의 헌사

본서 11.1 휴더튼의 헌사 참조

아드리앙 팽실베르의 서문

산업과학관 완공 후 구조용 유리(Structural Glass)가 전세계적으로 수많은 점포의 창에 활용되어 라 빌레트에서 보인 신기술을 다시 창조하게 되었다. 피터 라이스가 라 빌레트의 레 세레를 설계하며 보인 창조의 역량은, 건축기술의 발전 및 건축물의 예술성 발현에 그가 공헌한 바를 칭송받게 하였다. 그의 천재성이 산업계로 하여금 유리의 활용과 산업생산이 발전되는 방안에 대한 생각을 다시 하게 하였다.

1995.

33. 평전 1, 2

원서

목차 : 서문/ 머리말/ 보부르의 설계와 시공/ 나의 유년기/ 시드니 오페라하우스/ 거물 오브 애럽/ 엔지니어의 역할/ 장 퓌로베/ 메닐컬렉션/ 섬유막/ 유리와 폴리카보네이트/ 강구조와 콘크리트구조의 상세도/ 석재/ 비평과 사진/ 산업과 작업/ 피아트/ 카멜레온의 변신/ 만월극장/ 움직임 속의 건축/ 건축물과 프로젝트 연표/ 참고문헌/ 부록1 피터 라이스/ 부록2 RFR

평전 1. 현대건축에 공헌한 구조엔지니어 피터 라이스(2021)

번역서 : 김종호 · 이원호 · 전봉수 · 한상을 공역

Andre Brown, Engineer's Contrirution to Contemporary Architecture -Peter Rice -

번역서에 부쳐 2021.12.31

이 책 『현대건축에 공헌한 구조엔지니어 - 피터 라이스』는 영국 리버풀대 안드레 브라운 교수의 2001년 저서 『The Engineer's Contribution to Contemporary Architecture - PETER RICE』를 번역한 것으로 피터 라이스 작품의 설계철학, 수행과정, 자료 및 평가 및 추모 행사 등을 현실적이고 전문적 시각으로 해석 · 정리하고, 그 공헌에 대해 평가한 피터 라이스 평전이다.

2014년 가을. 김종호 · 이원호 · 전봉수 · 한상을 등 4인은 원저의 번역에 뜻을 모았고 2014년 12월 16일자로 저자 브라운 교수에게 번역 의사와 그에 따른 출판 등의 승인을 요청하였다. 이에 브라운 교수(당시 리버풀대의 중국내 한 파트너 대학에 한시적 부총장으로 재직중)는 2015년 6월 14일자로 마침 자신도 원본(2001) 개정을 염두에 두고 있어서 한국에서의 번역판에 우선적으로 자료 수정 및 추가 등 보완 및 협조 지원을 약속하는 서신을 보내왔다. 그 일부를 소개하면 다음과 같다.

...In principle I am very interested in working with you on the Translation. I am not sure exactly what the arrangement would be. Given your experience, do you normally contact the original publisher to get their permission, or is this not necessary? I would be happy to provide updates in terms of text, photographs and images. 50 the translation could be the new edition potentially. There is some interesting material from Peter's sketchbooks that I did not include. Also the original book had black-and-white images: I was not sure whether color images will be possible in the book you are proposing. Let me know how you wish to proceed on this...

그후 번역이 3/4 가량 진행되었으나 출판을 예상했던 그 출판사는 국내 출판계가 심한 불황과 함께 번역서의 시장성이 없다는 사유로 출판 의사를 철회하였다. 새로 접촉한 다른 출판사도 대동소이했다. 이에 출간은 유보되었고 번역도 중단되었다. 이러한 저간의 국내 정황을 2015년 7월 23일자로 저자에게 알리며 중단의 불가피함에 양해를 구했다. 저자도 실망과 유감을 표했고 미래를 기대한다는 답신을 보내왔다. 그후 브라운 교수가 영국에서의 개정판을 출간하였다는 정보는 확인하지 못했다. 그보다 3년 전인 2012년에 피터 라이스의 타계 20주년 기념사업의 일환으로 애럽사무소는 케빈 배리의 『Traces of Peter Rice』를 출간한 바 있었다. 역자 4인은 다른 계통의 지원 및 한 출판사의 자청으로 이 기념책자를 『피터 라이스의 자취』(기문당, 2016)라는 제목으로 출간하였다. 브라운 교수의 책을 미출간함에 대한 아쉬움을 다소나마 달랠 수 있었다. 그 후 6년이 경과한 2021년, 역자 4인은 이 책자의 번역에 관심을 거두지 않고 있었으며 기념성 및 중요성, 3/4이 진행된 번역원고 등을 고려하여 이 상태로 중단할 수 없다고 판단하게 되었다. 이에 이 원고를 출판 또는 유사한 방법으로 기록을 남겨서 구조실무자, 연구자, 그리고 후학들에게 기여할 뜻을 공유하게 되었다.

이에 역자들은 〈피터 라이스의 자취와 공헌에 대한 연구회〉라는 임의 연구회를 결성하고 연구보고서 형식으로 마무리한 후 비상업적인 방법으로 출간 · 배포할 방침을 공유하였다. 이러한 배경에서 이 책이 빛을 보게 되었다. 실로 7년이 소요된 긴 시간이었다. 강호제현의 질정을 기대한다. 어려운 여건에서 이 책의 편집과 인쇄 등에 헌신하여 주신 김혜경 선생께 감사의 말씀을 전한다. 향후 이 연구보고서를 원저자에게 증정하면서 저간의 배경을 설명하고 양해를 구할 예정이다.

2022년 1월 1일

〈피터 라이스의 자취와 공헌 연구회〉 김종호, 이원호, 전봉수, 한상을

번역을 마치고 저자 안드레 브라운에게 보낸 메시지

January 17, 2022

Jeon & Partners

Dear Dr. Andre Brown:

I am Bongsoo Jeon, from Seoul, Korea, who communicated with you about the translation of your book during 2014 to 2015.

I hope that this letter will attract your attention and you remember your kind permission by the message dated on June 14, 2015 for the translation of your book titled 'The Engineer's Contribution to Contemporary Architecture, Peter Rice (2001)' with your opinions which were asking Korean publishing culture, updating some parts of the book, and changing with the new coloured images. But the message dated on July 23, 2015 was unfortunately informed of you that we had to stop all translation processes due to the unfavorable Korean publishing market.

That message would be summarized again here as follow:

“ ....our translation job actually has been progressed three quarters of total up to now. But we've met the difficulties in finding the active publisher to do this job in Korea. The publishers we contacted are almost reluctant or refuse to publish the translated book. They said that they could estimate the number of copies would be sold not over some hundreds only, because of the current situation by the electronic culture not-to-read the paper book in the young generation, and this environment do not encourage the publishers to do it. I discussed with my colleagues about this, and concluded to hold back to publish waiting for the good time in the future. And so I personally awful regretted about this situation.. Please forgive my hasty judgement to publish it..."

Since then, almost six years have passed, all processes remained stopped and we couldn't find any suitable publishers until May of 2021.

We started to discuss again the possibility of continuing the translation process and made the following points clarified under your understanding and acceptance. We concurred that we were the only one who could continue to translate the remaining 25% of the book, develop the processed parts, and publish the Print for the young Korean students and engineers. We wished the lost 75% of the process would be revived by completing all translation process. We should find the proper printing way which was not by the typical publishing companies, and found that our university printing shops could handle it. We also agreed, to set up a study group of Peter Rice together with students and engineers to go.

And we, by the name of the Study Group, could complete the translation job, and printed it as a Research Print titled 〈현대건축에 공헌한 피터 라이스〉 translated by 김종호, 이원호, 전봉수, 한상을 and made sure that this print would be distributed to ourselves and the researchers only under the non-commercial purposes 'NOT FOR SALE - 비매품' and with no ISBN mark.

But we know that, when the publishing market changes favorably in the future, we would publish it thru the official method.

We described the whole issues mentioned above in the section of "Translators' Preface" at the Page 4 of the Print.

I'll look forward to your response on this matter.

Best regards,

Bongsoo Jeon, SE, Int PE, KIRA

Traces of Peter Rice(2012)

번역서 : 피터 라이스의 자취(2016)

평전 2. 피터 라이스의 자취(2016)

번역서 : 김종호 · 이원호 · 전봉수 · 한상을 공역

Kevin Barry, Traces of Peter Rice(2012)

서문과 감사의 글 (제니퍼 그레이츄스)

한국어판에 부쳐 (케빈 배리)

1. 나의 형 피터 (모리스 라이스)

2. 구조엔지니어 피터 라이스 (잭 준즈)

카메오 1 (아만다 레베테)

3. 렌조 피아노와의 대담 (케빈 배리/ 제니퍼 그레이츄스)

4. 조명 엔지니어 피터 라이스 (앤디 세지윅)

카메오 2 (헨리 바즐리)

5. 리처드 로저스와의 대담 (조나단 글랜시)

6. An Engineer's Images (케빈 배리)

카메오 3 (에드 클락)
7. 내가 아는 피터 라이스 (이안 리치)
8. 피터 라이스, 그리고 프랭크 스텔라 (마틴 프랜시스)

카메오 4 (비비안 로슈)
9. 넓은 재순환 영역 (션 O. 라오레)

카메오 5 (바바라 캠벨-랑에)
10. 그 아이디어에 귀를 귀울이며 (소피 부르바)

카메오 6 (피터 헤펠)

카메오 7 (휴 더튼)
11. 라이스의 스케치 노트북 (J. 필립, O. 케인)

주요 프로젝트/ 주요 출판물/ 기여자 기록
편자 소개
역자의 후기 (전봉수)

헨리 바즐리의 번역서 서문

서문 청탁한 메시지

August 22, 2015
Dear Mr. Bardsley,

By your kind help from the starting phase, we're now here in the job of publication as described in the several messages attached. Things are that we've finished to translate the book into Korean, and Kimundang, a local publisher, got in touch with the Lilliput Press and got a cotract with each other and also Mr. Barry would meet with the Press for us. As Mr. Barry commented in his message, we'd be greatly honored if you present your new preface for Korean version, if so, the preface will be shown on the front page of the Korean book in the languages of Korean and English both.

And also we'll appreciate very much if you send us your curriculum vitae describing your personal history with Peter and your Korean projects worked with me to introduce yourself for Korean readers in tne book. And, in the book, we'll add a brief describing our communications so far in this publication job. We look forward to sharing the pleasure of nice book with you and Mr. Barry soon.

Best regards,

Jeon Bong soo, SE/int E/KIRA.

번역을 마치고

November 18, 2015

Dear Mr. Bongsoo Jeon; ,

Many thanks for confirming the decision. I look forward to seeing the new book when it arrives. Congratulations to you and your colleagues. All best wishes, Kevin BARRY

November 13, 2015

Dear Mr. Kevin Barry;

I'm very pleased to inform of you that new book titled 『피터 라이스의 자취, Traces of Peter Rice』 would be published early next month and the featured things of the book are as follows;

1. The design of the book cover including the size and mode of colours is very simmilar to yours but Korean words different

from. The total number of pages are increased to 168 some from 135 with various reasons.

2. Mr. Henry Bardsley's excellent 'Preface for the Korean readers' together with the original English is added to followed by that of Ms.Jenniffer Greitschus's at front of the book.
3. With regard to notes on the contributors we did do it as suggested, and four Korean translators, two pofessors Dr. Han and Dr, Yi, two engineers Mr. Kim and myself, are introduced.
4. The index for the words and names in the order of Korean alphabet are added to the bottom of the book.
5. An essay titled 'Architectural enginner remembering Peter Rice's philosophies' written by myself, which was presented at the Magazine of Architectural Institute of Korea(AIK), February 2003 is suggested to add to the end of the book followd by the index. We believe that the it was supposed to be one of the quality essays recognizing Peter Rice's philosophy in Korean magazines since his death in 1992, but we know that the first paper since then was 'A Study on Peter Rice`s Design Methodology Utilizing the Glass written by Bae Daeseung presented in the Magazine of AIK,1997. You will find thd that Mr. Bardsley qouted two Koreans, mysely and Mr. Bae in the 'Preface for Korean readers' in our new book. But, in the any way, if you do not agree with this suggestion, it will be definately deleted, What do you think?.

Best regards,

Bongsoo Jeon

34. 기고문록

발표문 및 저술
- 평전에서
- 저자명, 논문명, 게재지 호 및 쪽 순
- 36건

· 라이스(1971), '케이블 지붕 설계의 요점', AJ: 6권 4호 AJ: 애럽 저널
· 하폴드와 라이스(1973), 애럽 저널, 보부르센터 특집, 8권 2호, 6월
· 라이스, L. 그루트(1975), '보부루의 주요 구조프레임', 파리, 아시르 슈탈스틸, 40권 9호, 9월
· 라이스, R. 피어스(1976), '조르주 퐁피두센터의 버트레스 기초', 남아프리카 토목학회, 지역컨벤션의 5차대회, 스텔른보슈대학, 9월, 토목공학 컨퍼런스
· 라이스, A. 데이(1977), '베니스에서의 초호 방벽', AJ, 12권 2호
· 라이스(1977), '사용 재료: 퐁피두센터의 내화피복과 유지관리', RIBA저널, 84권 II호, 11월,
· P. B. 암, F.G. 클락, E.L. 그루트, P. 라이스(1979, 1980), '국립예술센터 조르주 퐁피두의 설계와 건설', ICE발표문록, 1부, 66호 1부, 68호
· 라이스(1980), '경량구조물의 구조와 기하학적 성능', 애럽사무소: 애럽세미나: 경량구조, 3월, 8쪽
· 라이스(1980), '경량구조: 개요', 애럽 저널, 15권 3호, 10월
· 라이스(1981), '장스팬과 부드러운 표피', 컨설팅 엔지니어, 45권 7호, P. 라이스, T. 바커,
· A. 구스리, N. 노블(1983), '메닐컬렉션, 텍사스주 휴스턴', AJ: 18권 I 호
· J. 영, 라이스, J. 선턴(1984), '보다 나은 집단을 위한 설계: (5)사례 연구: 로저스와 애럽사무소', 아키텍트 저널, 180권 I 10호, 36호, 9월
· A. A. 타셀, 라이스(1985), '하이텍 스타일의 대가, 피터 라이스', SA 컨스트럭션 월드, 4월
· 라이스(1986), '로저스의 혁명', 빌딩 디자인, 807권, 10호, 10월
· 라이스, J. 선턴(1986), '로이드의 재개발', 구조엔지니어, 64A권, 10호, 10월
· A. 데이, T. 하슬렛, T. 카프레, 라이스(1986), '스페이스 프레임의 좌굴과 선형 거동', 건축의 경량구조에 관한 국제컨퍼런스, 시드니, 1권, 8월(LSA 86)
· 라이스(1987), 엔지니어의 견해, L'Arca, 5권, 4월
· 라이스(1987), '메닐 컬렉션 박물관의 지붕: 형태의 진화', AJ: 22권 2호, 여름,

· 라이스(1987), '렌조 피아노의 에너지 제어', 렌조 피아노; 프로세스 오브 아키텍처.
· 전시 카탈로그, 1987(9H 갤러리, 런던).
· 라이스, J. 선턴, A. 렌츠너(1988), '낭트와 에폰의 쇼핑센터의 케이블 스테이드 지붕', 스트럭추럴 엔지니어링 리뷰, 1권.
· 피터 라이스 대담, 르모니토, 4453권.
· 라이스(1984), '오브 애럽의 생애와 작품', RSA저널, AJ: 25권 1호, 봄
· 라이스(1989), '장인정신의 건물, 산업으로의 건물', 구겐하임 박물관 발표집
· 라이스(1990), '건설 지식', Arch+, 102권, 1월
· C. 가바토, 라이스(1990), '바리', Architecktur Aktuel~ , 24권, 139호, 10월
· 라이스(1990), '건축과 이론에 대한 컬럼비아대학 논문' 1권(리졸리, 뉴욕)
· 라이스, 휴 더튼(1990), Le Verre Structurel (Editions du Moniteur, Paris); trans.
· Martine Erussard, 구조용 유리, 1996.
· 라이스, A. 렌츠너, T. 카프레, A. 세지윅(1990), '바리의 산 니콜라 스타디움', 애럽 저널, 25권 3호, 가을,
· 라이스, A. 렌츠너, T. 카프래(1991), '바리의 산 니콜라 스타디움, 오늘의 강구조 산업', 5권 4호, 7월
· 라이스(1991), '유럽의 실무', 스트럭추럴 엔지니어, 69권, 23호
· 라이스(1991), '오늘의 건축, 알캄 포켓', '피터 라이스 - 대영제국', Architectura & Natura,
· 라이스(1991), '모델로서 목재 사용, 재료와 설계', 국제목재공학 컨퍼런스, 런던
· 라이스(1991), '메닐컬렉션 지붕 ; '형태의 진화', Offramp, 1권, 4호
· 라이스 (1992), '기술의 딜레마'A. 쵸니스, L. 레파이브레, 1968년 이후의 유럽건축; 기억과 중재(템스 앤 허드슨, 런던)
· 라이스(1992), 1992년 RIBA골드메달 수여식 연설, RIBA저널, 9월. ·RIBA(1992), 재료의 탐구; 피터 라이스의 작품(RIBA갤러리, 런던)
· 라이스(1994), An Engineer Imagines, 알테미스, 런던, 취리히, 뮌헨

35. 프로젝트

- 저서 『An Engineer's Imagines』에서
- 연도, 건물명 및 주소, 건축가, 구조엔지니어의 순으로
145건 프로젝트 연표 1992
- 별도로 명기하지 않은 Consulting Engineer 는 애럽사무소(OAP)임

1957

*시드니 오페라하우스 Sydney Opera House, Sydney, Australia

ARCHITECTS : Jorn Utzon (stages 1 and 2), Hall Todd & Littlemore (stages 3)

1967

*크루시블극장 Crucible Theatre, Sheffield, ARCHITECT : Renton Howard Wood Associates

1969

*엠버 레이가 어린이집 Amberley Road Children's Home, London

ARCHITECT : Renton Howard Wood Associates Henrion Associates Consultancy Advice

1970

*크리스탈 팔레스 국립 스포츠 센터 National Sports Center, Crystal Palace. London

Proposals for a new stadium roof structure ARCHITECT : Greater London Council-Architects' Department

*서커스 70 프로젝트 Circus 70. project, ctoria Embankment, London

Semi-permanent circular enclosed arena, ARCHITECT : Casson Conder & Partners

*워윅대학 아트센터 Arts Centre, Warwick University, Coventry,

ARCHITECT : Renton Howard Wood Levin Partnership

*퍼스펙스 나선계단 Perspex spiral staircase. Jeweller's shop. Jermyn Street. London

ARCHITECT : Godfrey H & George P Grima

*수퍼 그리멘츠 스키 빌리지 Super Grimentz Ski Village, Valais, Switzerland New ski village ARCHITECT : Godfrey H & George P Grima

1971

*사우디 컨퍼런스 센터 Conference Center, Mecca, Saudi Arabia ARCHITECT : Rolf Gutbrod Architects and Professor Frei Otto

*'북극의 도시'의 특수구조에 대한 자문 Special strctures advice to Frei Otto and others on pneumatic and cable structures including 'The City in the Arctic', ARCHITECT : Frei Otto

*보부르, 퐁피두센터 Center Pompidou. Paris, France ARCHITECT : Piano & Rogers

1972

*월드트레이드 센터 World Trade Center, London Conversion of St Katharine' Dock House, ARCHITECT : Renton Howard Wood Associates

1976

*점보제트 행어 Jumbo jet hangar, Johannesburg, South Africa, project

1977

*쉘터 스팬 Sheter Span, Prefabricated building system Peter Rice, consulting Engineer

*푸룰리 하우징 Fruili Housing scheme, ARCHITECT : Renzo Piano Building Workshop

*필킹턴 스터디 Pilkington study, Prototype development of roofing units using glass-fibre reinforced cement ARCHITECTS : Richai'd Rogers & Partners

1978

*햄머 스미스 인터 체인지 Hammersmith Interchange, London ARCHITECT : Foster Associates

*로이드 런던재개발 Lloyd' of Londodn Redevelopment, City of London ARCHITECT : Richard Rogers & Partners

*바이브로 시멘트산업화 시스템 Industrialized construction system for Vibrocemento, Perugia, Italy, ARCHITECT : Piano & Rice

*일리고 쿼터 Il Rigo Quarter, Perugia, Italy Housing prototype. ARCHITECT : Piano & Rice

*피아트에서의 경험 Fiat vss experimental vehicle, Turin, Italy, ARCHITECT : Piano & Rice

*플리트가드 Fleetguard, Quimper, Fance, ARCHITECT : Richard Rogers & Partners

*프린스턴 펫츠센터 Patscentre. Princeton. New Jersey, USA architect:

1979

*빅토리아 서커스 쇼핑 센터: VIctoria Circus Shopping Centre, Southend on Sea, Essex

ARCHITECT : Alan Stanton

*교육용 텔레비전 프로그램 Educational television programme, RIA, Television: The Open Site

ARCHITECT : Piano & Rice

*유네스코 도시재개발 An experiment in urban reconstruction for UNESCO, Otranto, Italy

ARCHITECT : Piano & Rice

1980

*브라노 아일랜드 디자인 Design for Burano Island, Venice, Italy '

ARCHITECT : Piano & Rice

*섬유막 캐노피 Fabric roof canopy, Schlumberger Headquarters, Montrouge, Fance

ARCHITECT: Renzo Piano Atelier de Pari ; CONSULTING ENGINEER : RFR in assoc with OAP

1981

*라 빌레트 유리 파사드와 리셉션 부분 Glass facades and central reception area no.252, September, pp.78-79(proposal for f structure at La Defense), La Villete, Paris, France

ARCHITECT : Adrien FainsHber CONSULTING ENGINEER : RFR

*IBM 파빌리온 IBM Pavilion

ARCHITECTS : Renzo Piano Building Workshop

*스탠스테드공항 터미널 Stansted Airport Terminal Building,Stansted, Essex

ARCHITECT : Foster Associates

*메닐컬렉션 박물관 Menil Collection Museum, Houston, Texas, USA, ARCHITECT : Rano and Fitzgerald

1982

*알렉산드라 파빌리온 Alexandra Pavilion, London Shelter Span system

ARCHITECT : Terry Farrell CONSULTING ENGINEER : OAP, Peter Rice, consuting engineer

1983

*알턴 타워 Alton Towers, Alton, Staffordshire Jet Star 2 Building

ARCHITECT : Griffin Jones Associates

*클리프턴 놀이방 지붕 Clifton Nurseries roof. Covent Garden, London

ARCHITECT : Terry Farrell

*테이트 갤러리 파빌리온 Pavilions, Tate Gallery, London, ARCHITECT : Alan Stanton

1984

*존 스트리트 가로경관 정비 122 St John, London

ARCHITECT : Eva Jiricna

*베를린 도로환경계획 Environment and motorway. Berlin, West Germany Feasibility study for motorway, acoustic protection system and solar heating for adjacent properties

ARCHITECT : Pascal Schoning

*볼스스포츠 스타디움 Ballsports stadium, Berlin. Germany

ARCHITECT : Christoph Langhof Architekten

1985

*노스 퀸스페리 이전 Emplacement, North Queensferry, Lx)thian, Scotland Transfo-mation of gun siting to residential workshop, project,

ARCHITECT : Ian Ritchie Ai'chitects

*파리 루브르 Louvre, Paris, France Design of steel structure to carry a glass roof over courtyards,

ARCHITECT : I M Pei with Michel Macary

*로즈 마운트 스탠드 Lord's Mount Stand. London,

ARCHITECT : Michael Hopkins Architects

*로이 스퀘어가 Roy Square, Nai'row Street, London

ARCHITECT : Ian Ritchie Architects

*컨플랜스 아트리움 Atrium roof, Conflans. Saint Honorine, France

ARCHITECT : Valode et Pistre

*메닐컬렉션의 프레스코 복원 Fresco restoration for Menil Collection, Houston, Texas, USA

Art restorer : Laurence Morocco

1986

*세인트 루이스-바실 섬유막 캐노피 Fabric canopy, St Louis/Basle, France

Aarchitect : Aeroports de Paris/Paul Andreu, CONSULTING ENGINEER : RFR in association with OAP,

*라 데팡스 레 뉴아즈 Nuage Leger, Tete Defense, La Defense, Paris, France

Architect: J O Spreckelsen and Aeroports de Paris/Paul Andreu

CONSULTING ENGINEER : RFR in association with OAP,

*파리 라 데팡스 레 뉴아즈 Nuage Parvis, La Defense, Paris, France

Architect : J O Spreckelsen and Aeroports de Paris/Paul Andreu, CONSULTING

ENGINEER : RFR

*린타스 passerelle Lintas, Paris, France/ ARCHITECT : Marc Held, CONSULTING ENGINEER : RFR

*라 빌레트의 캐노피 Canopies, Parc de La Villette, Paris, France ARCHITECT: Bernard Tschumi, CONSULTING ENGINEER : RFR

*화이트채플 고가도로 센트럴 하우스 Central House, Whitechapel High Street, London Architect: Ian Ritchie Architects

*바리 축구경기장 Football Stadium. Bari, Italy, ARCHITECT: Renzo Piano Building Workshop

*IBM 레이디 버드 경기장 IBM 'Ladybird' Travelling Exhibitions. Italy ARCHITECT : Renzo Piano Building Workshop

*존 영 아파트 Apartment for John Young, London, ARCHITECT : John Young

*바스티유 오페라하우스 Opera, Bastille, Paris, France Studies for acoustic ceiling ARCHITECT : Carlos Ott CONSULTING ENGINEER : RFR

*산업센터 철골조창고와 하이퍼마켓 Centre Industriel, Epone, France Steel warehouse hypermarket structure ARCHITECT : Richard Rogers & Paitners

*쥬빌레 가든 플로팅 레스토랑 Floating restaurant. Jubilee Gardens, London ARCHITECT : Richard Rogers & Partners

*유로피안 싱크트론 라디에이션 European Synchotron Radiation Facility, Grenoble, France

ARCHITECT : Renzo Piano Atelier de Paris

1987

*시트로앵 컨벤스 파크 Parc Citroen Cevennes, Greenhouses. Paris, France ARCHITECT : Patrick Berger CONSULTING ENGINEER : RFR

*Passerelles Front de Seine. Paris. France DESIGN AND CONSULTING ENGINEER : RFR

*노르망디 펠리스 섬유막 지붕마감 Fabric roof covering. Chateau de Falaise, Normandy, France, ARCHITECT : Decaris CONSULTING ENGINEER : RFR

*Glazed façade, Musee des Beaux Arts de Clermont-Ferreand , France ARCHITECT: A Fainsilber and Gailard CONSULTING ENGINEER: RFR

*낸시 다용도홀 Multi-purpose hall, Nancy, Design for 70-metre-span cable-braced roof

ARCHITECT : Foster Associates

*58M 모터 요트 58-Metre motor yacht, Computer-aided design work for the stability of the yacht, NAVAL ARCHITECT : Martin Francis

*라벤나 스포츠홀 Sport Hall, Ravenna, Italy,

ARCHITECT : Renzo Piano Building Workshop

*에어 크라프트 행거 현상설계 Competion for aircraft hangars, abu dhabi. United Arab Emirates, ARCHITECT : Aeroports de Paris/Paul Andreu

*아자부 & 토미가와 구조물 Azabu and Tomigaya Structure, Tokyo Japan

ARCHITECT : Zaha Hadid

*레쎄 복합건물 단지 Office/apartment block, Lecce, Italy

ARCHITECT : Renzo Piano Building Workshop

*마씨 산업센터 Centre Industriel, Massy, Essonne, France

ARCHITECT : Richai'd Rogers & Partners

*유네스코 연구실, 빌딩 워크숍 UNESCO Laboratory/Building, Workshop, Genoa, Italy

ARCHITECT : Renzo Piano Building Workshop

*파리 불 오피스 아트리움 Atrium, offices for Bull, Avenue, Gambetta, Paris, France

ARCHITECT : Valode et Pistre. CONSULTING ENGINEER: RFR in association with Ove Arup & Partners

1988

*네프 테트 데팡스 La Grande Nef, Tete Defense, Paris, France

ARCHITECT : Jean-Pierre Buffi CONSULTING ENGINEER : RFR

*TGV/RER Charles de Gaulle, Roissy, France

ARCHITECT : Aeroports de Paris/Paul Andreu, CONSULTING ENGINEER : RFR

*BPOA 파사드 Facade of the BPOA, Rennes, France

ARCHITECT : 0 Decq and B Cornette, CONSULTING ENGINER: RFR

*Franconville, France, ARCHITECT : Cuno Brullmann, Arnaud Fougeras Lavergnolle Architects

*츄르지붕 캐노피 Chur, Switzerland, Glazed roof conopy, bus/rail station

ARCHITECT : Robert Obrist and Richard Brosi,

CONSULTING ENGINEER : OAP with RFR

*피아자 스태그 팔라스 Piazza, Stag Place Site B. London

ARCHITECT : Richard Rogers Partnership

*시스티나 정면의 리조트화 작업에 대한 연구 Sistiana, Italy, Studies for conversion of Disused Quarry and sea frontages into resort

ARCHITECT: Renzo Piano Building Workshop

*크라운 프린세스 라이너 Crown Priness liner, Italy,

Design of the superstructure for the refurbishment of a liner

ARCHITECT: Renzo Piano Building Workshop

*컨템포러리 예술 박물관 Museum of Contemporary Art. Bordeaux, France

ARCHITECT : Valode et Pistre

*Centre Industriel, Pontoise. Val'd Oise. France, ARCHITECT; Richard Rogers Patnership

*아랍에미리트 두바이 진주 박물관 Pearl of Dubais, Dubai. United Arb Emirates 20-metre sphere and museum project, ARCHITECT : Ian Ritchie ARCHITECT: Renzo Piano

*하버 박물관 Harbour Musuem, Newport Beach., Colifonia, USA ARCHITECT : Renzo Piano Building Workshop

*RAF Northolt,London, New air terminal, ARCHITECT : Property Servies Agency

*간사이 국제공항 터미널 Kansai International Airport Terminal Japan ARCHITECT : Renzo Piano Building Workshop

*월드트레이드센터 유럽 하우스 Europe House, World Trade Centre, London ARCHITECT : Richai'd Rogers Partnership

*마르세유공항 터미널 빌딩 Marseilles Airport Terminal Building, France ARCHITECT : Richard Rogers Partnership

*루브르 파빌리온 Grand Louvre, Paris, France, Observation pavilions ARCHITECT : Michael Dowd

*내셔널 포트레이트 갤러리 National Portrait Gallery, London ARCHITECT : Stanton Williams

*베르시 2 쇼핑센터 루프 시스템 Bercy 2, France Roof system for shopping centre ARCHITECT : Renzo Piano Atelier de Paris

*유로디즈니 디스커버리랜드 연구 studies for Discoveryland Mountain, Eurodiseny, France ARCHITECT : Disney Imagineering, CONSULTING ENGINEER : OAP with RFR

*알베르빌 동계올림픽 스케이트 링크 현상설계 Competition for Patinoire d'Albertville. France

*Covered skating rink for Winter Olympics ARCHITECT : Adrien Fainsilber CONSULTING ENGINEER : OAP, with RFR

*만월극장 Full-Moon Theatre, Provence, France DESIGNER AND THEATRE DIRECTOR : Humbert Camerlo, CONSULTING ENGINEER : OAP and RFR

*위드브리드 라운드 더 월드 레이스 요트 경기장 외피구조 디자인 Hull design, Staquote British Defender yacht, Whitbread Round-the-World Race NAVAL ARCHITECT : Martin Francis

*포르테 모뉴멘털 Porte Monumentale, Paris, France ARCHITECTS Zublena CONSULTING ENGINEER : RFR

1989

*벨르드럼 유리 캐노피 Glass canopy, Verdrun, France

ARCHITECT : Pierre Colboc CONSULTING ENGINEER : RFR
*Sloping glazed facade and roof, shell, Rueil Malmaison, France
ARCHITECT : Valode et Pistre CONSULTING ENGINEER : OAP, with RFR
*Passerelle Est/Ouest, Galeries Nord/Sud and bridge, Parc de la Villette, Paris, France
ARCHITECT : B ernard Tschumi CONSULTING ENGINEER : RFR
*L'Oreal factory, Aulnay, France ARCHITECT : Valode et Pistre
*세비야 엑스포 '92 미래관 Pavilion of the Future, Expo7 92, Seville, Spain
ARCHITECT : Martorell Bohigas Mackay
*토마야 산업빌딩 Industrial buildings, Tomaya, Japan, ARCHITECT : Sugimur
*퀸스 스탠드 Queen's Stand, Epsom Racecourse,
ARCHITECT : Richard Horden Associates
*토론토 오페라하우스 Toronto Opera House, Canada
ARCHITECT : Moshe Safdie & Assocites
*'92 제노아 엑스포 콜로보 500 Il Grand Bigo, Colombo 500, Expo'92 Genoa, Italy
ARCHITECT : Renzo Piano Building Workshop '92
*제노아 엑스포 움직이는 조각 Mobile sculpture, Colombo 500, Expo'92 Genoa, Italy
ARCHITECT : Renzo Piano Building Workshop
*보브스 제약회사 Pharmacy, Boves, France, ARCHITECT: Ian Ritchie Architects
*힐리어스 VII Helios VII Freasibility study for summer house based on solar sculpture
*거미집 Spider's webs Research project, ZOOLOGIST : Dr Fritz Vollrath
*스톡클리 파크 오피스 빌딩 Office building, Stockley Park, London ARCHITECT Jan Ritchie Architects
*쿠휘르스텐담 파사드 연구 Kurfurstendamm, Berlin, Germany Facade study
ARCHITECT : Zaha hadid, Stefan Schroth, CONSULTING ENGINEER : OAP and RFR
*미쓰비시 도쿄 포럼 현상설계 Mitsubishi Tokyo Forum competition, Japan
ARCHITECT : Richard Rogers Partnership
*에콜로지 갤러리 Ecology Gallery, Natural History Museum, London
ARCHITECT : Ian Ritchie Ai'chitects
*라비레트 연구 La Villette serre study, 'Green'Spiral, Musee des Sciences et de flndustrie, La Villette, Paris, France, ARCHITECT : Kathryn Gustafson
*우츠로히 라 데팡스 Utsurohi, La Defense, Paris, France
Sculpture ARTIST : Iyo Miyawaki

1990

*오베르하우센 역사 현상설계 Station Squai'e competition, Oberhausen, Germany
DESIGN ENGINEERING : RFR

*CNIT 캐노피와 파사드 Canopy and facades for CNIT, Paris, France
CONSULTING ENGINEER : RFR

*Campanile, Place d'Italie, Paris, France Tower structure with sculpture
ARCHITECT : Kenzo Tange, SCULPTOR: Thierry Vide

*Ecran 아트리움 루프 Atrium roof, Grand Ecran, Place d'Italie, Paris France
ARCHITECT : Kenzo Tange, CONSULTING ENGINEER : RFR

*리버풀 아이맥스 영화관과 레저빌딩 IMAX cinema and leisure building, Liverpool
ARCHITECT : Richard Rogers Partnership

*그로닝겐박물관 Groningen Musem. Groningen Holland, Preliminary study of structure of roof
ARCHITECT : Alessandro Mendni ARTIST : Frank Stella

*PadrePioPilgrimageChurch,StGiovanniRotondo,Puglia.Italy
ARCHITECT : Renzo Piano Building Workshop

*Centre Culturel de la Pierre Plantee Bibliotheque, Vitrolles, France
ARCHITECT : Ian Ritchie Architects

*Development of glazing system with Asshi Glass, Japan, DESIGN : RFR and OAP,

1991

*Aeroport Charles de Gaulle. Terminal 3. Roissy, France
ARCHITECT : Aeroports de Paris/Paul Andreu CONSULTING ENGINEER : RFR

*룩셈부르그 컨템포러리 아트 아트리움 Atrium, Centre D'Art Contemporian, Luxembourg
ARCHITECTS I. M Pei, CONSULTING ENGINEER : RFR

*룩셈부르그 램프 포스트 Lamp post, Each sur Alzette, Luxemboui'g
ARCHITECT AND TOWN PLANNER : Professor Sierverts, OESIGN AND ENGINEER : RFR

*루브르 피라미드 Pyi-amide Inversee , Grand Louvre, Paris, France, Inverted
Glass, pyramid sculpture suspended over undergi'ound public circulation area at Museum, ARCHITECT : I M Pei, CONSULTING ENGINEER : RFR

*파리의 재팬 브리지 Japan Bridge, Paris. France
ARCHITECT : Kisho Kurokawa, CONSULTING ENGINEER: RFR with OAP,

*페레 수영장 Swimming pool. Levallois Perret, France
ARCHITECT : Cuno Brullmann, CONSULTING ENGINEER: RFR

*라 빌레트, 램프 R4/T4 Rampe R4/T4, Parc de la Villette, Paris, France

ARCHITECT: B ernar d Tschumi, CONSULTING ENGINEER : RFR

*Passerelle, Mantes-la-Jolie, France ARCHITECT: Michel Macary

CONSULTING ENGINEER : RFR

*Ligne Meteor, Paris, France

Stations on new Metro line from Gare

*St Lazare to Place d'Italie

ARCHITECT : Bernar d Kohn, CONSULTING ENGINEER : RFR

*Aerograde de Luxembourg

ARCHITECT : Bohdan Paczowski, CONSULTING ENGINEER : RFR

*Hotel Module d'Echanges, Roissy, France

ARCHITECT : Aeroports de Paris/Paul Andreu, CONSULTING ENGINEER : RFR

Cathedrale Notre Dame de la Treille, Lille, France

ARCHITECT : Pierre-Louis Carlier, with ARTIST : L Kinjo, CONSULTING ENGINEER : RFR

*리옹 리버 버스역사계획안 River bus station project. Lyon, France

ARCHITECT : C Charignon, D Cornilliat and P Levy CONSULTING ENGINEER : RFR

*Glass facades, Renault Technocentre, Guyancourt, Fance

ARCHITECT : Valode et Pistre

ENGINEER : Ove Arup & Partners in associstion with RFR

*TGV 역사 지붕·박물관 TGVStation.LiUe. France, Roof design

ARCHITECT : SNCF Jean-Marie Duthilleul

CONSULTING ENGINEER : OAP with RFR

*움직이는 이미지, 박물관 Museum of the Moving Image demountable tent, London

ARCHITECT : Future Systems

*브라우&브루넨 타워 Brau & Brunnen Tower, Berlin, Germany

ARCHITECT : Richard Rogers & Partners

*몽테뉴가 아트리움 Atrium glazing, 50 Avenue Montaigne, Paris. France

ARCHITECT : O Vidal, CONSULTING ENGINEER : RFR

*루브르 박물관 Grand Louvre, Louvre Museum, Paris, France Natural lighting system for new Museum, ARCHITECT : Pei Cobb Freed & Partners

*코스타리카 아자치오 공항 Ajaccio Airport. Corcica

ARCHITECT : Aeroports de Paris/Paul Andreu, CONSULTING ENGINEER : RFR

*디지털 헤드쿼터 그레이징 Glazing for Digital Headquaters, Genova, Switzerland

Technical assistance to siv. glass manufacturers, Itaiy

CONSULTING ENGINEER : RFR

*세인즈버리 섬유막 조각 Fabric sculpture. Sainsbury's Plymouth, Devon _
ARCHITECT : Dixon Jones

1992

*Facade for the extension of the Palais de Congres, Paris, France
ARCHITECT : Olivier Clement Cacoub eroports de Paris/Paul Andreu CONSULTING ENGINEER:RFR

*Passerelle, Levallois-Perret, France
ARCHITECT : Henri Caubel CONSULTING ENGINEER : RFR

*스트라스부르크 현대예술박물관 아트리움 Atrium, Museum of Modern Art, Strasbourg. France, ARCHITECT : Adrien Fainsilber, CONSULTING ENGINEER : RFR

*알베르 문화센터, Cultural Centre, Albert, France ARCHITECT : Ian Ritchie Architects

*웨스턴 모닝 뉴스사 빌딩 Western Morning News, Plymouth
ARCHITECT : Nicholas Grimshaw and Partners

참고문헌

1. 저서a : An Engineer's Imagines, Peter Rice, 1994.
2. 번역서 : 엔지니어 이미지, 이수권, 청람, 1997.
3, 저서 b : Structural Glass, Peter Rice + Hugh Dutton, 1996.
4. 번역서 : 유리구조, 현대건축사,
5. 피터 라이스의 유리를 사용한 디자인 방법론에 대한 연구 / 라 빌레트 산업과학기술 박물관 유리상자 구조체를 중심으로, 배대승, 대한건축학회 논문집, v.13 n.7 (1997-07)
6. 평전a : Andre Brown, PETER RICE - Engineer's Contribution to Contemporary Architecture
7. 평전a 번역서 : 피터 라이스 - 현대건축에 공헌, 전봉수 외, 2021.
8. 평전b : Traces of Peter Rice, Kevin Barry, 2012
9. 평전b 번역서 : 피터 라이스의 자취, 케빈 배리 원저, 전봉수 외, 기문당, 2016.

찾아보기

[ㅎ]

[기타]

전우구조 설립 35주년 기념집
피터 라이스의 생애와 비전

인쇄 1쇄 | 2022년 2월 14일
발행 1쇄 | 2022년 2월 20일

엮은이 | 윤흠학 · 전봉수

펴낸이 | 최성준
펴낸곳 | 나비소리
등록일 | 2021년 7월 1일
등록번호 | 715-72-00389
주소 | 경기도 수원시 경수대로302번길22
전화 | 070-4025-8193
팩스 | 02-6003-0268
ISBN | 979-11-92624-99-0 (03540)
원고투고 : 종이책 및 전자책 | nabi_sori@daum.net